KB071903

물총새는 왜 모래밭에 그림을 그릴까

일러두기

이 책의 삽화 일부는 저자의 스승인
고바야시 게이스케 씨의 도감에서 인용하여 수록했습니다.

처음으로 읽는 우리 새 이야기

우용태 지음

추수밭

차례

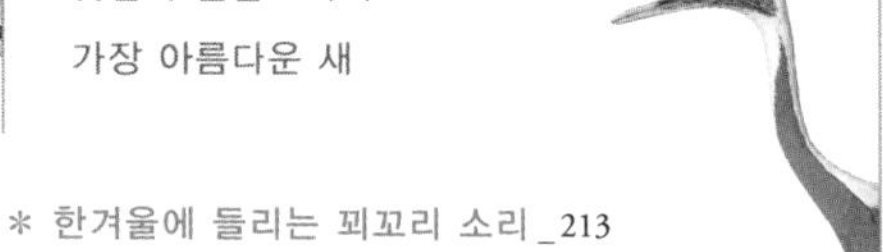

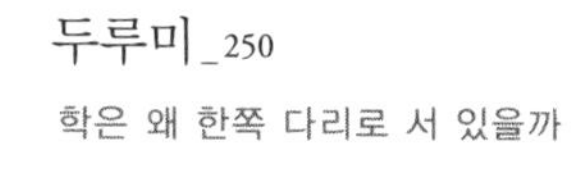

머리말

새는 새는 남게 자고,
쥐는 쥐는 굼게 자고…

새는 포유류, 파충류, 양서류, 어류와 더불어 이른바 척추동물 중의 조류라는 한 무리이며, 다른 무리와 비교해 깃털을 가지고 있다는 큰 특징이 있다. 지구상에는 대략 9,000~10,000종의 새가 살고 있는데, 같은 종種이라도 분포 지역에 따라 모양이나 성질에 차이가 있는 아종亞種 수까지 말하면 전 세계에 살고 있는 새는 27,000종 이상이다.

대부분의 새는 생김새가 귀여우며 빛깔이 아름답고 울음소리가 고울 뿐만 아니라, 그 생태 또한 신비로워 옛날부터 많은 사람들에게 호기심의 대상이었다. 때문에 동서양을 막론하고 새에 관한 전설이나 신화, 야화, 속담 등이 많다.

중국 촉나라 망제의 죽은 넋이 소쩍새가 되었다는 전설이 있으며, 자신을 길러 준 은혜에 보답하기 위해 자란 후 어미 새에게 먹이를 물어다 준다고 하여 까마귀를 효오孝烏라고 부르기도 한다.

우리나라 속담에 '부엉이집 만났다' 라는 말은 작은 횡재를 했다는 뜻이며, '까마귀 고기 먹었군' 이라 함은 잊음이 많은 사람을

농으로 이르는 말이다. '꿩 먹고 알 먹고', '매를 꿩으로 본다', '시치미 떼지 마라', '두루미 꽁지 같다', '학도 아니고 봉도 아니고', '두견이 목에 피 내어 먹듯', '칠석날 까치 대가리 같다', '물찬 제비 같다' 등 새를 소재로 한 속담은 여러 가지가 있다.

〈흥부전〉에도 제비가 나오고, 까치가 제 새끼를 잡아먹으려는 구렁이를 퇴치해 준 사람에게 은혜를 갚기 위해 종에 머리를 부딪쳐 종소리를 울리고 머리가 깨져 죽었다는 살신보은殺身報恩의 전설도 있다.

서양에서도 마찬가지로 새를 소재로 한 전설이나 신화, 야화가 많다. 아라비아 사막에 사는 불사조Phoenix는 500~600년마다 나타나서 스스로 향나무를 쌓아 불을 지르고 타 죽어 재가 되지만 다시 되살아난다고 했으며, 아라비안나이트에 나오는 로크Roc는 수리 모양의 엄청나게 큰 새인데 코끼리를 잡아먹을 뿐만 아니라 코끼리를 한입에 삼키는 거대한 뱀도 잡아먹으며 둘레가 사람의 걸음짐작으로 50걸음이나 되는 큰 알을 낳는다고 했다. 아라비안

나이트에는 신드바드가 로크의 발에 매달려 하늘을 날아 여행하는 장면도 나온다.

그리스 신화에서는 트로이 전쟁의 영웅 디오메데스가 죽은 후 그 부하들이 모두 바닷새가 되었으며, 역시 그리스 신화의 영웅 오디세우스의 아내 페넬로페는 어릴 때 부모가 바다에 버렸으나 물새들이 구해 주었다고 한다. 그리고 아테네의 트라키스 왕 케익스가 부인 할키온과 너무나 행복한 생활을 하자 이를 시기한 신들이 두 사람을 모두 물총새로 만들어 버렸다는 전설도 있다.

나는 철없는 어린 시절부터 유별나게 새를 좋아했다. 특별한 동기가 있어서가 아니라, 새를 보고 있으면 그저 즐거웠다. 새를 보기 위해 산과 들, 강과 바다 등 새가 있는 곳이면 어디나 찾아다녔고, 여러 종류의 새를 집에서 기르면서 그것들의 행동에 매혹되고 울음소리에 빠져들었다. 한번은 까마귀를 기르다가 '까-악 까-악' 하고 항상 큰 소리로 우는 바람에 이웃 사람들로부터 심한 원성을 사, 할 수 없이 산에 풀어 주었는데 날아가지 않고 멀리까지 따라오기에 가슴 아파한 적도 있다.

내가 젊었을 때는 새를 좋아하고 연구하는 사람을 찾아보기 어려웠다. 그러나 지금은 새를 보기 위해 아외에 나가면, 쌍안경으로 새를 보는 사람이나 사진기로 새를 찍는 사람을 종종 만난다. 그리고 자기가 찍은 사진과 관찰 기록을 인터넷에 올려 정보를 교환하고 새를 좋아하는 동호인 모임을 만드는 등 시대가 많이 변했다.

그런데 새를 좋아하는 사람이 늘어났음에도 불구하고, 우리나라에서 흔히 볼 수 있는 새들에 관한 쉽고 재미있는 이야기를 접할 수 있는 책은 부족한 것 같다. 그래서 이 책에는 평생 찾아다니면서 보고 들은 우리나라의 새에 관한 여러 가지 이야기를 수록했다. 특히 전설이나 속담의 내력과 더불어, 과학적인 시각으로 보았을 때 진실 여부 등에 관한 내용도 담았다. 그리고 중간 중간에 새에 관해 많은 사람들이 궁금하게 여길 것 같은 여러 가지 새의 생태 및 형태 등에 대해 설명했다.

많은 시간이 흘렀지만 아직도 머릿속에는 어린 시절 어머님께서 들려주신 여러 가지 동물 이야기가 남아 있다. 호랑이 이야기, 늑대 이야기, 야시(여우) 이야기, 곰 이야기, 황새 이야기, 부엉이 이야기, 까투리 이야기, 까마귀와 까치 이야기 등등, 어머님은 밤에 어린 나를 곁에 누이고 가지가지 많은 동물 이야기를 해 주셨고 그래도 내가 잠들지 않으면 구성진 가락으로 자장가도 불러 주셨다.

"새는 새는 남게 자고, 쥐는 쥐는 굼게 자고, 우리 아기 착한 아기 엄마 품에 잠을 잔다… 멍멍개야 짖지 마라, 꼬꼬닭도 울지 마라, 우리 아기 잘도 잔다, 잘도 잔다 우리 아기."

누구나 그렇겠지만 세상에서 어머님만큼 정답고 좋은 분이 또 있으랴. 불러 보고 싶고 안겨 보고 싶은 그리운 어머님. 내 나이 팔순에 이르고 손자들이 다 자랐건만 어머님이 너무나 그립고 보고 싶다. 그러나 이 세상에 안 계시는 어머님을 어찌하랴. 《물총새는 왜 모래밭에 그림을 그릴까》는 사실 어머님을 그리워하며 쓴 글이기도 하다.

이 책이 독자들에게 흥미롭고 새를 이해하는 데 보탬이 되길 바라며, 또한 많은 사람들이 새를 좋아하는 계기가 되었으면 좋겠다.

2013년 5월, 황령산 자락에서

우용태

까마귀

겉이 검기로 마음도 검겠나

까마귀나 큰부리까마귀는 동물분류상으로 척추동물문門 조강綱 참새목目 까마귀과科에 속하는 새이다. 까마귀과에 속하는 새는 뉴질랜드와 대양 중의 작은 도서를 제외하고 모든 지역에 분포하며 전 세계에 115종種이 있지만, 같은 종이라도 분포 지역에 따라 모양이나 성질에 차이가 있는 아종亞種까지 말하면 까마귀과의 새는 362종류에 이른다. ● 한국에서 기록된 까마귀과의 새는 11종으로서 까마귀, 큰부리까마귀, 떼까마귀, 나그네까마귀(큰까마귀), 집까마귀, 갈가마귀, 붉은부리까마귀, 잣까마귀, 까치, 어치, 물까치 등이다. ● 까마귀과의 새는 대부분 빛깔이 검고 울음소리가 탁하지만 까치, 어치, 물까치, 잣까마귀처럼 빛깔이 고운 것도 있다. 까마귀과의 새는 또한 성질이 잔인한 것이 많아 다른 새의 알과 새끼를 잡아먹기도 한다.

죽음과 불행을 불러오는 새

까마귀라는 새를 모르는 사람은 아마도 없겠지만 형태나 생태 등을 정확히 아는 사람은 매우 적은 것 같다. 사람들은 유난히 까마귀를 싫어하는 경향이 있다. 대부분의 새는 빛깔과 울음소리가 곱지만 유독 까마귀는 온몸이 숯덩이처럼 검고 울음소리가 둔탁하고 음울하기 때문일 것이다.

정몽주의 어머니가 지으셨다는 옛시조(까마귀 싸우는 골에 백로야 가지 마라/ 성난 까마귀 흰빛을 시샘하니/ 청강에 맑게 씻은 몸 더럽힐까 하노라)에서도 백로는 고귀한 것으로 칭송하고, 까마귀는 더러운 속물로 폄훼하였다.

우리나라에서는 옛날부터 까마귀를 불행과 죽음을 불러오는 불길한 새로 여겼다. 까마귀가 지붕 위나 뜰의 나무에 날아와서 울면 불행한 일이 일어나거나 사람이 죽는 등 흉사가 생긴다고 믿었다. 그래서 옛날 경상도 지방에서는 까마귀를 '귀신 까마귀' 라고 하는 사람이 많았다. 그러나 이는 그저 까마귀가 보기 싫고 밉기 때문에 지어 낸 낭설이다. 까마귀는 썩은 고기를 즐겨 먹으며 다른 새보다 후각이 예민하여 멀리서도 동물의 부패하는 냄새를 잘 맡는다.

어느 시골집에 오랜 병고 끝에 곧 죽게 될 환자가 있을 때, 까마귀는 환자의 냄새를 감지하여 먹이가 있는 줄 알고 집 가까이 날아오는 것이다. 또 그런 환자가 있는 집에서는 종종 무당을 불러 굿을 한 후 차려 놓았던 여러 가지 음식물을 집 근처에 버리는데, 까마귀는 버려진 음식물을 주워 먹기 위해 날아온다.

헌데 그 집에서 환자가 죽었을 때, 으레 죽을 사람이 죽었지만 미운 까마귀가 날아왔기 때문에 사람이 죽었다고 생각하기 쉽다. '까마귀 날자 배 떨어진다烏飛梨落' 라는 속담과 비슷한 경우이다. 까마귀와 떨어지는 배 사이에 아무런 연관이 없듯 까마귀와 죽은 사람 사이에 어떤 인과 관계도 없지만 공교롭게도 두 사건이 동시에 일어났기 때문에 까마귀를 범인으로 몰아세운 것이다.

우리 속담에는 미운 까마귀를 소재로 한 것이 많다.

까마귀 열두 소리 하나도 좋지 않다 : 미운 사람이 하는 일이나 말은 모두 나 밉게 보인다.

까마귀 하루에 열두 마디 울어도 송장 먹는 소리뿐 : 무식하거나 음험한 사람이 아무리 떠들어 봐도 결국 제 무식이나 야심을 드러내는 이외에 아무것도 아니다.

어느 놈이 암까마귀인지 어느 놈이 수까마귀인지 : 겉으로 보아서 사람의 속내를 알 수 없다. 모두 같은 패거리라는 뜻도 있음.

까마귀 똥도 약에 쓰면 오백 냥 : 개똥도 약에 쓰려면 없다는 말과 같은 뜻으로, 천한 것도 필요할 때가 있어 당장 구하기 어려운 경우를 나타내는 말.

까마귀 발 : 때가 많이 묻은 손발.

까마귀사촌 : 몸이나 손발에 때가 새까맣게 탄 너무 더러운 사람.

이러한 속담에 등장하는 까마귀는 모두 미운 새, 더러운 새, 싫은 새 취급을 받는다.

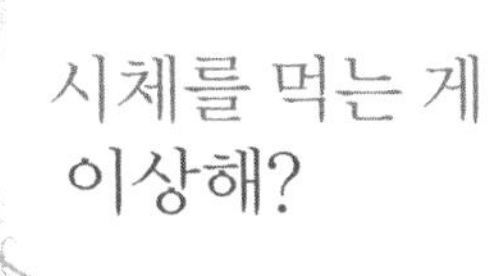

시체를 먹는 게 이상해?

곱지 못한 빛깔과 음울한 울음소리 외에도 까마귀를 싫어하는 이유는 또 있다. 까마귀는 썩은 고기와 동물의 사체는 물론 사람의 시체도 마구 뜯어먹는 습성이 있다. 옛날에는 허술하게 묻힌 무덤을 배고픈 여우나 늑대, 너구리가 파헤쳐서 시체를 뜯어먹으면 그것을 다시 까마귀가 먹기도 했다. 그리고 한국 전쟁 당시 주인 없는 시체들이 산야에서 썩고 있으면 까마귀가 모여들어 시체를 먹는 일도 흔히 있었다.

최근 들어 겨울철이면, 곳곳에서 먹을 것이 없어 굶주리는 독수리들에게 죽은 돼지나 닭을 먹이로 주는 경우가 종종 있다. 경기도 파주와 강원도 철원, 경상남도 고성 등에는 해마다 겨울철에 사람이 주는 먹이를 먹으려고 모여드는 독수리가 수백 마리나 되는데, 독수리뿐만 아니라 까마귀들도 함께 몰려오는 모습을 볼 수 있다. 또 공동묘지에서도 까마귀를 자주 볼 수 있는데, 묘지에 제사를 지낸 후 버리는 음식물을 먹기 위해 모여드는 것이다.

까마귀는 농작물에도 다소 피해를 주므로 옛날부터 해조害鳥로 취급되어 미움을 샀다. 까마귀가 많았던 예전에는 과수원의 배나 사과를 까치나 까마귀들이 쪼아 먹고, 밭에 심어 놓은 콩이나 보리, 옥수수 등의 씨와 얕게 묻힌 고구마나 감자 등을 파먹기도 했다.

때로는 말리기 위해 널어놓은 생선이나 농가에서 기르는 병아리를 물고 가기도 했는데, 까마귀는 매와 수리류 같은 맹금류猛禽類는 아니지만 개구리, 뱀, 쥐, 다람쥐, 병약한 새, 꺼병이(꿩병아리) 등 다른 동물을 잡아먹는 습성도 있다.

자연계에는 다른 동물을 잡아먹거나 죽은 시체를 먹는 소비자가 있기 마련이고, 살아남기 위해서는 배가 고플 때 먹을 수 있는 것은 무엇이나 먹는 것이 생태계의 본질이며 자연의 섭리이다. 하지만 사람의 좁은 시각과 이해관계에서 보면, 까마귀는 빛깔과 울음소리가 곱지 못한데다 썩은 고기와 심지어는 사람의 시체까지 뜯어먹고 농작물을 훔쳐 먹으므로 혐오감을 주는 흉조凶鳥로 낙인 찍혔을 것이다.

꽤 오래전에 산에 갔다가, 둥지에서 떨어져 다리가 부러진 아직 날지 못하는 새끼 까마귀를 구해 치료하여 사육한 적이 있다. 헌데 이놈의 새끼 까마귀는 배가 고프면 또는 무시로 '까-악 까-악' 하고 아침부터 큰 소리로 우는 바람에 이를 듣기 싫어하는 이웃 사람들로부터 미움을 받았다. "저놈의 까마귀소리 기분 나빠 못 살겠다", "저놈의 까마귀 소리를 듣고는 오늘 재수가 없었다" 등등 말썽이 많았다.

어떤 이웃은 집으로 찾아와 근엄한 표정으로 "오래전 어느 날 아침에 까마귀 울음소리를 듣고 그날 교통사고를 당해 몇 개월 동안 병원에 입원한 경험이 있다"며, 까마귀를 없애 줄 것을 엄숙하게 당부하기도 했다.

이웃으로부터 별의별 소리를 다 듣고 더 이상 견디지 못해 새를 무척 좋아하는 모 씨에게 부탁해 까마귀를 그의 집으로 옮겨서 기르려 했는데, 며칠 못 가서 모 씨 역시 이웃 사람들이 모두 싫어한다는 이유로 까마귀를 도로 가지고 왔다.

이젠 까마귀의 사육을 포기할 수밖에 없어 먹이가 많아 보이는 산으로 데리고 가서 놓아주었다. 헌데 이놈의 까마귀가 날아가지 않고 멀리까지 사람을 쫓아오는 것이 아닌가. 나는 까마귀가 못 따라오도록 나무가 많은 숲 속으로 피해서 달아나듯 돌아왔지만 그때의 기억이 지금도 선하다.

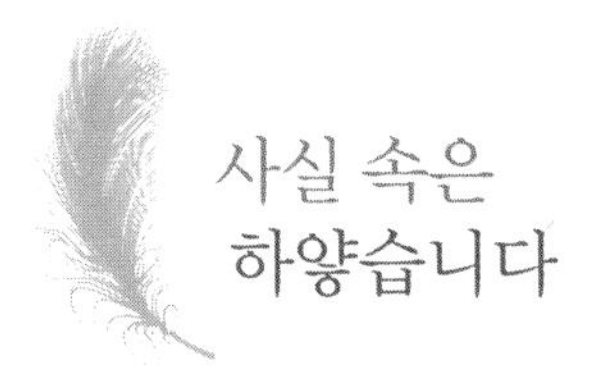

사실 속은 하얗습니다

대개의 사람들이 이렇듯 까마귀를 싫어하고 미워하지만, 때로는 까마귀를 미워하지 않고 동정하거나 칭송하는 경우도 있다. 매우 드문 일이지만, 맹수 특히 호랑이 사냥꾼들은 까마귀가 호랑이 있는 곳을 알려 준다고 했다. 까마귀는 호랑이를 보면 큰 소리로 울기 때문에 산속에서 까마귀 우는 곳으로 가면 호랑이가 있다는 것이다.

또 심마니들도 까마귀를 좋아한다. 산삼을 캐러 다니는 심마니들은 깊은 산속에서 까마귀가 울고 있는 곳 또는 까마귀가 날아가는 곳에서 산삼을 발견하기 쉽다고 믿는다. 까마귀가 산삼의 열매를 먹고 배설할 때 여러 곳에 산삼 씨를 퍼뜨린다는 것이다. 그래서 심마니들은 까마귀를 신령한 새로 여기기도 한다.

속담에 '까마귀가 검기로 마음도 검겠나' 라는 말은 겉모양이 허술하고 누추해도 마음까지 더럽고 악할 리는 없다 즉 사람을 겉모양만 보고 평가하지 마라는 뜻으로, 오늘날 겉치레에만 급급하고 마음가짐이 바르지 못한 많은 사람들을 개탄하는 뜻도 있다.

조선 태종 때 영의정까지 지낸 이직(1362~1431)의 까마귀를 소재로 한 시조는 모르는 사람이 없을 만큼 유명하다.

까마귀 검다하고 백로야 웃지 마라
겉이 검은들 속조차 검을 소냐
겉 희고 속 검을손 너뿐인가 하노라

백로

이 시조는 앞에서 말한 시조 "까마귀 싸우는 골에 백로야 가지 마라…"와는 반대로 백로를 겉과 속이 다른 비겁한 새로 비하하고, 까마귀를 정정당당한 새로 부각시키고 있다. 이직의 시조는 당시 조선의 개혁파가 자신들의 정당하고 떳떳함을 까마귀에 비유하고, 수구파인 고려 유신들을 백로에 비교하여 그들의 부당함을 힐책한 것으로 해석할 수 있다.

그런데 이 시조에서 왜 까마귀는 겉은 검지만 속이 희다 하고, 백로는 겉이 희지만 속은 검다고 했을까? 많은 사람들은 까마귀와 백로의 속이 희고 검다라고 한 뜻을 다음과 같이 풀이한다.

까마귀는 겉은 검은 빛깔이지만, 행동이 활달하며 언제나 한결같은 울음소리를 내는 새로서 속임수를 쓰지 않는다. 그런데 백로는 희고 고운 빛깔을 가졌지만 거의 소리를 내지 않으므로 속내를 알 수 없고, 또 얕은 물속에서 가만히 웅크리고 서 있다가 물고기가 다가오면 재빠르게 부리를 뻗어 물고기를 찍어서 잡아먹는 행동을 하기 때문에 속임수를 쓰고 기회만 노리는 엉큼하고 비겁한 새라는 것이다. 즉 까마귀는 행동(마음, 속)이 떳떳하고(희다) 백로는 행동(마음, 속)이 엉큼하다(검다)는 것이다.

헌데 필자가 새를 좋아하면서 여러 가지 죽은 새를 자료로 박제 표본을 만들던 중, 까마귀와 백로의 표본을 처음으로 만들면서 참으로 놀라운 사실을 알게 되었다. 다름이 아니라 까마귀는 깃털의 빛깔이 먹물처럼 검지만 깃털 아래 피부는 뽀얀 흰 빛깔이며, 반대로 백로는 깃털 빛깔이 하얗지만 깃털 아래 피부는 숯덩이처럼 검다는 사실이었다.

이렇게 털(또는 깃털) 빛깔은 검지만 피부 빛깔은 희고 털 빛깔은 희지만 피부 빛깔이 검은 현상은 조류뿐만 아니라 포유류에서도 볼 수 있다. 예컨대 흑염소는 피부 빛깔이 희고, 북극곰은 피부 빛깔이 검다.

이직은 까마귀와 백로의 깃털과 피부 빛깔에 대해 이와 같은 사실을 틀림없이 알고 있었기에 까마귀와 백로의 속이 희고 검은 것을 직유법으로 비교했을 것이다.

우리나라에서는 일찍이 자연 현상에 관심을 가지고 연구하는 사람이 거의 없었지만, 이직은 600여 년 전에 이미 까마귀와 백로의 피부 빛깔을 조사하여 알고 있었던 것으로, 이와 같은 경우는 세계적으로도 드문 일이다. 아마도 이직은 까마귀와 백로의 피부 빛깔뿐만 아니라 여러 가지 자연 현상을 조사하여 자연 과학에 관한 많은 지식을 가지고 있었을 것이다.

그러나 안타깝게도 당시의 시류와 사회 환경이 자연 과학에 관한 지식을 높이 평가하고 수용하지 못했으므로, 연구 결과를 발표하거나 저서로 남기지 않았으리라고 생각하는 것은 너무 비약적인 추측일까?

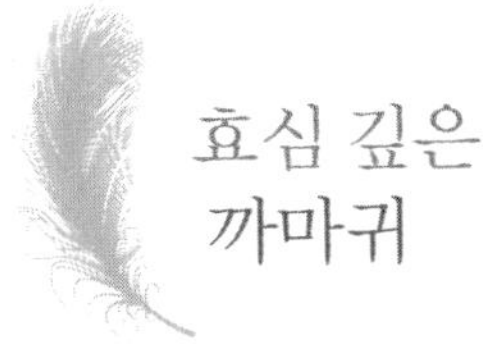

효심 깊은 까마귀

까마귀는 효오孝烏, 효조孝鳥, 반포조反哺鳥, 또는 반포효조反哺孝鳥라는 별명도 있다. '효도하는 새'라는 뜻으로 붙은 별명들이다. 까마귀의 새끼는 자란 후 자신을 길러 준 어미에게 은혜를 갚는, 소위 안갚음하는 새로 알려져 있다. 부모를 정성껏 봉양하는 것을 반포지효反哺之孝라 하는데 이는 까마귀로부터 유래한 사자성어이다.

그런데 까마귀는 정말로 새끼가 자란 후에 길러 준 은혜를 갚기 위해 어미 새에게 먹이를 물어다 주는 것일까? 모든 새는 물론 어미가 새끼에게 먹이를 먹여 주지만 예외도 있다. 뻐꾸기와 향우조, 무덤새처럼 제 새끼를 돌보지 않는 새도 있고, 또 자신의 새끼가 아니라도 어린 새끼에게 먹이를 먹여 주는 경우도 간혹 있다.

제 새끼가 아닌 다른 새끼에게 먹이를 먹여 주는 새를 조력자Helper라 하며 지금까지 약 200종이 알려져 있다. 예를 들면 굴뚝

새와 유럽산 까마귀의 어떤 종류는 첫째 배의 새끼(형 또는 언니)가 둘째 배의 새끼(동생)에게 먹이를 물어다 먹여 주는 경우가 있고, 갈매기의 어떤 종류는 제 새끼 외에 다른 새끼에게도 먹이를 물어다 주는 수가 있으며, 오목눈이는 번식에 실패한 것들이 다른 둥지의 새끼에게 먹이를 먹여 주기도 한다.

뻐꾸기나 향우조는 다른 새의 둥지에 알을 낳고 둥지의 주인인 다른 종류의 새가 뻐꾸기나 향우조의 알을 부화시켜 길러 주는데, 이는 뻐꾸기의 새끼를 제 새끼인줄 잘못 알고 먹여 주는 것이므로 조력자의 경우와는 전혀 다르다.

또 번식기에 애정의 표시로 수컷이 암컷에게 먹이를 먹여 주는 새도 흔히 있다. 그러나 새끼가 자신의 어미 새에게 먹이를 먹여 주는 소위 반포하는 새는 아직 발견되지 않았고 까마귀도 물론 그렇지 않다. 그렇다면 왜 옛사람들은 까마귀를 안갚음하는 새 즉 반포조라고 했을까?

필자는 여러 종류의 야생 조류가 새끼를 기르는 것을 많이 관찰했으며, 까마귀를 비롯한 여러 야생 조류의 새끼를 사육해 본 경험이 있다. 대부분의 새는 새끼가 자라서 어미 새의 크기만큼 되기 이전에 독립적으로 먹이를 찾아 먹지만, 까마귀 새끼는 몸 크기가 어미 새와 똑같이 다 자란 후에도 어미로부터 여전히 먹이를 받아먹는다. 말하자면 까마귀는 대표적인 만성조晩成鳥이다.

그리고 대부분의 새는 새끼가 어미만큼 다 자라도 대체로 깃털 빛깔이나 무늬가 어미 새와 다르기 때문에 어미와 새끼를 쉽게 구분할 수 있지만, 까마귀는 어미만큼 크게 자라면 빛깔이 어미 새와 거의 같으므로 야외에서 보면 새끼와 어미를 구분하기 어렵다.

때문에 옛사람들은 어미 새와 구분이 안 될 만큼 다 자란 까마귀의 새끼가 여전히 어미로부터 먹이를 받아먹는 것을 보고, 새끼가 효도하느라고 어미에게 먹이를 먹여 주는 것으로 착각했던 것이다. 게다가 간혹 새끼가 너무 비대하여 어미 새보다 크게 보이는 경우도 있어 새끼와 어미를 혼동하기 쉬웠을 것이다.

기억력이 부실하다고?

우리나라에서는 옛날부터 까마귀를 자주 까먹는 새라고도 했는데, 그러한 의미로 다음과 같은 속담이 있다.

까마귀 고기를 먹었군 : 건망증이 심한 사람을 두고 이르는 말. 까마귀 고기를 먹으면 까마귀처럼 기억력이 부실해진다는 뜻.

까마귀 총기 : 건망증이 심하여 기억력이 부실한 사람을 놀림조로 이르는 말.

까마귀소식 : 소식이 도무지 없음을 이르는 말. 즉 소식을 전하는 것도 잊어버린 사람을 두고 이르는 말.

이와 같은 속담은 모두 자주 잊어먹고 할 일을 하지 않거나 해야 할 일을 모른다는 뜻이다.

옛날에 어떤 사람이 형편이 어려워 빚을 내어 썼는데 갚을 길이 막연했다. 매일같이 빚을 갚으라는 독촉에 시달리다 궁리 끝에 까마귀를 잡아서 다른 고기라고 속여 빚쟁이에게 대접했다. 목적인즉 빚쟁이가 까마귀 고기를 먹고 빚 준 것을 잊어버리게 하려는 속셈이었다.

그런데 빚쟁이에게 까마귀 고기를 대접한 얼마 후 빚을 진 사람이 예상치 못한 횡재를 하여 돈이 많이 생겼기에 즉시 골치를 썩이던 빚을 갚았으나, 빚쟁이는 오히려 빚 갚은 것을 잊어버리고 매일같이 찾아와서 빚을 갚으라고 독촉을 했다 한다. 누가 만들어 냈는지 해학적인 에피소드이지만 잔꾀를 부리면 결과적으로 이롭지 않음을 풍자한 것이라 하겠다. 그런데 정말로 까마귀는 잘 잊어버리는 기억력이 부실한 새일까?

실은 전혀 그렇지 않다. 오히려 까마귀는 대단히 영리하고 기억력도 좋은 새이다. 보기 싫고 미운 까마귀가 주위에 나타나면 누구나 쫓아 버리기 일쑤이지만 까마귀는 아랑곳없이 먹이가 있는 곳에 다시 날아온다.

고함을 지르거나 막대기를 내젓는 따위의 위협은 자신에게 위험하지 않다는 것을 영리한 까마귀는 잘 알고 있으므로, 사람이 접근하면 잠깐 피신했다가 다시 날아오는 것이다.

이와 같은 까마귀의 행동을 보고 까마귀를 쫓은 사람은, 까마귀가 얼마 전에 겁을 먹고 달아난 일을 금세 잊어버렸기 때문에 다시 날아온다고 생각했다. 또한 쫓은 까마귀가 아닌 다른 까마귀가 날아와도 모양이 똑같이 생겼으므로 쫓겨 간 놈이 얼마 전에 일어난 일을 잊어버리고 다시 날아온 것으로 착각하기도 했을 것이다.

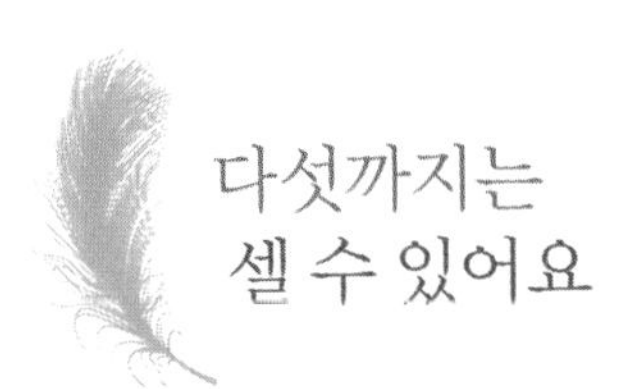

다섯까지는 셀 수 있어요

사실인즉 까마귀는 자주 까먹는 새가 아니라 매우 영리하며 모든 새 중에서 가장 지능이 높은 새라고 한다. 확실한 연대는 알 수 없으나 수십 년 전의 일로 기억되는데, 미국의 할리우드에서 영화에 출연한 각종 동물의 연기 경연에서 개, 원숭이, 코끼리, 호랑이 등 많은 후보 동물들을 제치고 까마귀가 최우수상을 받은 적이 있다.

그렇다면 까마귀는 얼마나 영리한 동물일까? 까마귀의 지능이 어느 정도인지 가늠하기는 어려우나 재미있는 일화가 전해지고 있다.

미국에 살던 리처드라는 소년은 어느 날 숲 앞에 있는 옥수수 밭을 심하게 망쳐 놓는 까마귀를 쫓았다. 숲 속에는 까마귀들이 모여 살고 있었는데, 제일 높은 나뭇가지에는 망을 보는 놈이 있어서 사람이 접근하면 경계하는 소리를 내어 동료 까마귀들에게 알리고 옥수수 밭으로 날아오지 않았으며 사람이 없을 때만 골라서 옥수수 밭으로 날아들었다.

소년은 이때 하나의 실험을 생각했다. 친구들을 모아서 먼저 두 사람이 옥수수 밭으로 들어가 한 사람은 보이지 않게 은폐물에 숨어 있고 한 사람만 밖으로 나와서 멀리 떠나가 보았더니 까마귀는 계속 경계하는 울음소리를 내면서 옥수수 밭으로 날아오지 않았다. 다음에는 세 사람이 옥수수 밭으로 들어갔다가 한 사람만 숨어 있고 두 사람이 밖으로 나와 멀리 떠나 보았으나 까마귀는 역시 전과 같이 경계 소리를 냈다. 즉 아직 한 사람이 남아 있다는 것을 알고 있었다.

그 후 네 사람, 다섯 사람이 옥수수 밭에 들어가 한 사람만 남기고 모두 밖으로 나와 멀리 떠나가 보았으나 까마귀는 여전히 경계하는 울음소리를 내면서 옥수수 밭으로 날아오지 않았다. 그러나 여섯 사람이 옥수수 밭에 들어갔다가 다섯 사람이 밖으로 나와 멀리 떠났을 때는, 감시하는 까마귀가 안전하다는 신호를 보내면서 비로소 옥수수 밭으로 날아왔다는 것이다.

이상의 일화를 정리하면, 까마귀는 다섯까지는 셈할 수 있으나 여섯이 되면 그 수를 헤아리지 못한다고 추측해 볼 수 있다. 어떤 조류 연구자는 이와 비슷한 실험을 갈매기에 대해서도 해 보았는데 갈매기는 한 개만 알고 두 개 이상을 셈하지 못했다고 하니 다섯까지 헤아릴 수 있는 까마귀는 새 중에서 분명 지능이 높다 하겠다.

새가 수(양)를 계산하는 지능에 대한 연구는 매우 드물지만, 앞서 소개한 일화는 그것이 사실이든 지어낸 것이든 까마귀가 다른 새에 비해 지능이 높다는 것을 알려 준다.

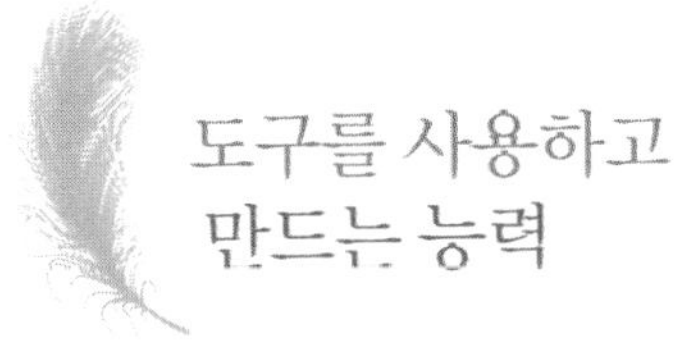

도구를 사용하고 만드는 능력

미국 펜실베이니아 주에서는 까마귀가 참오리(청둥오리)의 알을 종종 훔쳐 먹는데, 까마귀는 높은 나무 위에 앉아서 참오리의 행동을 지켜보고 있다가 둥지의 위치를 알아낸다고 한다. 참오리는 눈에 잘 띄지 않는 으슥한 곳에 둥지를 만들기 때문에 너구리는 둥지를 찾아내지 못하지만 까마귀는 용케 둥지를 찾아내어 알을 훔쳐 먹는다고 한다.

까마귀의 지능을 알아보는 방법으로, 높게 세운 두 개의 막대기둥 사이에 걸대를 걸치고 걸대의 중간에 가는 줄을 길게 드리우고 줄 끝에 고깃덩어리 같은 까마귀가 좋아하는 먹이를 묶어 공중에 매달아 놓는 실험이 있다. 까마귀는 걸대에 앉아서 부리로 줄을 물고 조금씩 잡아당겨 발로 줄을 밟고 고정시키는 일을 되풀이하여, 결국 먹이를 끌어 올려 먹는다고 한다. 그러나 다른 새들을 대상으로 한 동일한 실험에서 다른 새는 까마귀가 사용

참오리(청둥오리)

한 방법을 쓸 줄 모른다고 한다.

게다가 더 놀라운 사실은, 까마귀가 도구를 이용하는 것은 물론 도구를 만들기도 한다는 것이다. 뉴칼레도니아 섬에서는 까마귀가 가늘고 뾰족한 나무 가시를 이용하여 나무 구멍 속에 들어 있는 곤충의 애벌레를 찍어 잡아먹는다고 한다. 더욱이 나무 가시를 고를 때 끝이 낚싯바늘처럼 생긴 것을 찾고, 심지어 가시 끝을 부리로 물어뜯어 미늘(고기가 물면 빠지지 않게 만든 갈고리) 모양으로 만들어서 나무 구멍 속의 애벌레를 찍었을 때 애벌레가 빠져나가지 못하게 한다는 것이다. 이러한 행동은 포유류 중에서 지능이 높다는 침팬지보다도 빼어난 구석이 있다.

까마귀가 호두를 먹을 때도 껍질이 너무 단단해서 깰 수 없으므로, 부리로 호두 열매를 따서 자동차가 다니는 도로 위에 떨어뜨려 놓고 차가 지나가면서 바퀴에 깔려 껍질이 깨어지면 멀리서 보고 있다가 즉시 날아와서 호둣속을 파먹는다고 한다. 이와 같은 까마귀의 행동은 일본에서는 관찰되었다고 하며, 한국에서도 목격했다는 사람이 있다고 하나 필자는 아직 직접 확인하지 못했다. 이상 몇 가지 예에서 볼 수 있는 까마귀의 행동은 예상 외로 상당히 높은 지능을 가졌기 때문이라 하겠다.

까마귀는 또한 호기심이 많고 특히 반짝이는 물건을 좋아한다고 한다. 외국에서는 골프장에서 날아온 골프공을 까마귀가 물고 가는 일도 간혹 있다고 하며, 또 창문턱에 얹어 둔 보석 반지나 목

걸이를 물고 간 일도 있고 묘지에서 불을 붙여 둔 향불을 물고 가서 다른 곳에 떨어뜨려 산불을 낸 사례도 있다고 한다.

둥지 밖 새끼도 돌보는 사랑

까마귀는 자오慈烏 또는 자조慈鳥라는 별명도 있는데 이는 까마귀가 안갚음을 하는 새이며, 어미 새의 새끼에 대한 자애심이 유난히 강하기 때문에 붙여진 것이 아닌가 싶다. 까마귀를 효조 또는 반포조라 부르는 것은 잘못된 관찰에서 붙여진 별명임을 앞에서 설명했지만, 까마귀 어미 새의 새끼에 대한 지극한 정성과 자애심은 필자도 경험한 적이 있다.

대부분의 새는 새끼가 어릴 때 어쩌다가 둥지 밖으로 떨어지면 어미 새는 떨어진 놈은 돌보지 않는 것이 보통이지만, 까마귀는 둥지 밖으로 떨어진 새끼도 변함없이 먹여 주면서 돌본다(둥지 밖으로 떨어진 새끼는 대부분 족제비와 같은 포식자에게 잡아먹힌다).

산에서 새를 조사하던 중 높은 나무 위의 까마귀 둥지에서 땅에 떨어진 새끼에게도 어미가 열심히 먹이를 먹여 주는 모습을 본 적이 있다. 가까이 가서 보니 둥지에서 떨어진 새끼는 다리가 부러져 있었고, 나무 위에 올라가 살펴보니 둥지 속에는 세 마리의 새끼가 있었다. 다리가 부러진 까마귀 새끼를 치료해 주려고 집으로 가지고 왔는데 오래된 일이지만 그때 어미 까마귀의 행동은 잊을 수가 없다.

둥지가 있는 나무 위에 올라갔을 때 어미 까마귀의 공격이 너무나 극성스러웠다. 사람의 머리를 쪼려 달려드는가 하면 '까깍악악 까악깍깍' 하며 이를 가는 듯한 큰 소리로 울부짖고, 이 나무 저 나무로 옮겨 다니면서 부리로 젓가락 굵기의 나뭇가지를 마구 끊어서 떨어뜨리며 사람의 머리 위를 맴돌았다. 그리고 땅에 떨어진 새끼를 가지고 올 때는 약 100미터도 넘게 따라오면서 울었다.

필자는 많은 새의 둥지를 관찰 조사한 경험이 있는데 알이나 새끼가 있는 둥지에 접근했을 때 어미 새가 공격하는 일은 많지 않다. 맹금류 중에서 주로 몸이 큰 수리나 매류 중에는 공격성이 있는 것이 있으며 수리부엉이도 공격성이 매우 강하다. 그리고 명금류鳴禽類 중에서도 꾀꼬리의 일부가 공격성이 있으며 참새 정도밖에 안 되는 작은 딱새도 둥지 가까이 접근하는 사람을 쪼려는 듯 달려드는 경우가 간혹 있지만, 까마귀처럼 새끼를 보호하기 위해 혼신의 힘으로 극성스럽게 공격 행동을 하는 모습은 다른 새에게서는 보지 못했다.

까마귀 둥지와 관련한 우리 속담으로는 '까마귀 까치집 빼앗듯 한다' 라는 말이 있다. 권력이나 금력으로 남의 소유물을 차지함을 비유한 것이다. 까마귀는 대부분 스스로 제법 그럴듯한 둥지를 만들어 사용하지만 때로는 까치의 묵은 둥지를 이용하거나 간혹 새로 만든 까치 둥지를 빼앗아 산란하는 경우가 있다.

까치 둥지를 이용하여 산란하는 새는 까마귀뿐만 아니라 황조롱이, 파랑새, 소쩍새 등도 있는데 속담에서 하필이면 까마귀를 대표적인 약탈자로 취급한 것은 까마귀 외에는 잘 모르며 여러 가지 이유로 까마귀가 밉기 때문에 모든 죄를 뒤집어씌운 격이라 하겠다.

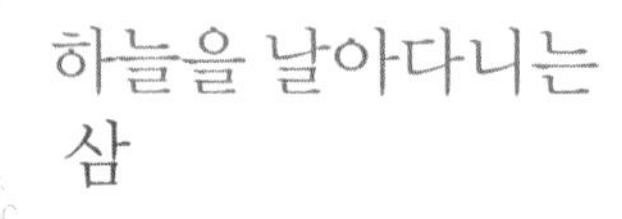

하늘을 날아다니는 삼

옛날에는 까마귀가 매우 많았으나 환경의 변화와 남획으로 우리나라에서는 한때 그 수가 대단히 감소했다. 특히 1970~80년대에 까마귀의 수가 격감했는데 가장 큰 원인 가운데 하나는 까마귀 고기가 정력을 돕는 보신제라는 소문이 널리 퍼져 까마귀를 남획했기 때문이다.

당시 까마귀 한 마리가 수십만 원에 거래되기까지 하였으니 참으로 한심하고 부끄러운 일이다. 그렇다면 까마귀 고기가 보신제라는 소문은 어떻게 생긴 것일까?

옛날 떠도는 낭설에 '세상에는 세 가지의 삼蔘이 있다' 고 했다. 산에는 산삼山蔘이 있고 바다에는 해삼海蔘이 있으며 하늘을 나는 비삼飛蔘이 있다 했는데, 비삼이란 곧 '갈가마귀'를 말한다. 갈가마귀에 도대체 어떤 약효가 있길래 그런 소문이 돌았을까?

갈가마귀

옛 의약서인 《동의보감》이나 《본초강목》 등에는 갈가마귀와 까마귀에 관해 다음과 같이 적혀 있다.

갈가마귀는 당가마귀, 아鴉, 여사鸒斯, 필거鵯鶋, 연오燕烏, 산노아山老鴉, 한아寒鴉 등의 별명이 있으며, 약으로 쓰면 자음보허滋飮補虛의 효능이 있고 또 허로해수虛癆咳嗽, 골증번열骨蒸煩熱, 체약소수體弱消瘦를 다스린다고 했다.

그리고 까마귀는 가마괴, 가막이라고도 하며 그 외에 오烏, 오아烏鴉, 노아老鴉, 노괄아老鴰兒, 효조孝烏, 반포효조反哺孝烏, 자오慈烏라는 별명도 있다. 약효로서는 거풍정간祛風定癎, 자양보허滋養補虛, 지혈止血에 효과가 있어 폐결핵肺結核, 해수토혈咳嗽吐血, 신경성 두통, 두혼목현頭昏目眩, 소아풍간小兒風癎 등을 치료한다고 했다.

거창한 약효가 있을 것 같으나, 요약하면 까마귀나 갈가마귀 모두 허약하거나 병약한 자가 먹으면 효과가 있다는 말이다. 그러나 이와 같은 약효는 근대 의약학적으로 검증된 바가 없다. 사람들 중에는 까마귀나 갈가마귀를 약으로 사용해 큰 효과를 보았다는 경우가 간혹 있는데, 그것은 이마도 플라시보 효과Placebo effect일지도 모른다. 플라시보 효과란 약효가 전혀 없는 거짓 약을 좋은 약이라 하면서 환자에게 복용케 했을 때 환자의 병세가 매우 호전되는 것을 말하는데, 이는 환자가 좋은 약을 먹었으므로 병이 나을 것이라는 신념을 갖기 때문이라 한다. 반대로 효과가 있는 좋은 약이라도 환자가 믿지 않으면 약효가 없는 것을 노시보 효과Nocebo effect라 한다.

갈가마귀를 비삼이라 하여 몸에 좋다는 말이 생긴 유래에 대하여, 옛날에 영양 부족으로 병약한 사람이 동물성 단백질을 섭취하면 곧 회복할 것이나 고기를 사 먹을 돈이 없어 흔한 갈가마귀를 잡아먹고 회복된 데서 전해진 말일 것이라고 추측하는 사람도 있다. 갈가마귀가 아닌 다른 고기를 먹었더라도 물론 같은 효과를 보았을 것이다. 비슷한 약효에 대한 것으로, 동물성 단백질 부족으로 병약한 노모에게 고기를 사 드릴 수 없는 가난한 아들이 개구리와 지렁이를 많이 잡아 달여서 대접한 결과 병이 나았다는 말도 있다.

어떻든 몸에 좋다는 근거 없는 소문이 퍼져 갈가마귀는 물론 까마귀까지도 마구 잡아먹는 통에 까마귀들이 한때 큰 수난을 겪었다.

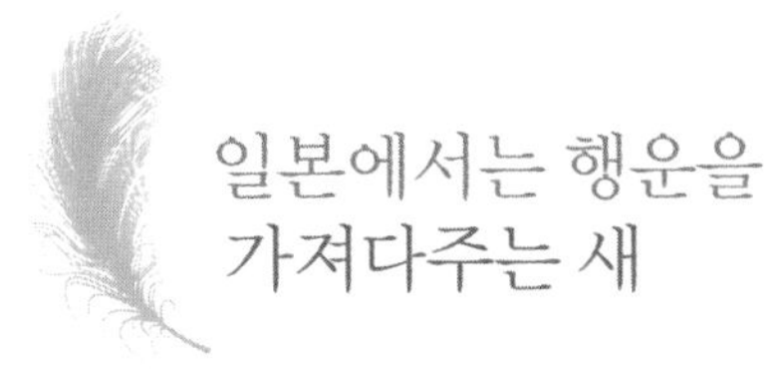

일본에서는 행운을 가져다주는 새

이웃나라 일본에서는 까마귀를 싫어하지 않으며, 오히려 행운을 가져다주는 새로 인식하는 사람이 많다고 한다. 그래서 일본 축구협회의 심벌도 까마귀라 한다. 농촌뿐만 아니라 도심에서도 까마귀가 많은데 수도인 동경도 일원에만 5~6만 마리의 까마귀(큰부리까마귀)가 살고 있으며, 이들은 도시 환경에 완전히 적응하여 소위 도시새都市鳥로 변했다. 일본 사람들이 까마귀를 싫어하지는 않더라도 까마귀의 수가 너무 늘어나니 여러 가지 말썽거리도 생기고 있다. 아침부터 항상 '까-악 까-악' 우는 소리도 듣기 좋은 것은 아니고 생선과 같은 식품을 말리기 위해 늘어놓으면 물고 가고, 어느 곳에나 마구 똥을 배출하고 인축의 전염병을 전파할 가능성도 있다. 심지어 어린아이를 공격하는 사건도 있었다. 즉 어린아이가 먹고 있는 과자를 빼앗기 위해 달려들었다는 것이다.

일본 당국에서는 까마귀를 감소시키는 방안을 연구 검토한 결과 무엇보다 먹이 공급원을 차단하는 것이 최선이라는 결론을 내렸다. 까마귀는 잡식성이므로 무엇이나 잘 먹는데 일본에서는 까마귀가 먹이를 구하기 위해 많이 모여드는 곳이 주로 음식물 쓰레기를 버리는 장소였다. 그래서 음식물 쓰레기장 관리를 철저히 하여 먹이 공급원을 차단한 결과 상당한 효과가 있었다고 한다.

지금까지 보통 까마귀라고 부른 새는 분류상으로 정확히 말하면 주로 까마귀와 큰부리까마귀 두 종류이다. 큰부리까마귀는 까마귀에 비해 몸이 조금 크고 약간 투박한 모양이며 부리가 조금 굵은 편이다. 그리고 울음소리는 까마귀보다 조금 덜 흐리고 맑은 편이다. 그러나 이와 같은 차이는 전문가가 아니면 쉽게 구분하기 어려울 정도이다. 또 큰부리까마귀는 도시나 농촌의 마을 주변에 많으며 까마귀는 농경지 부근에 많지만 두 종류가 함께 섞여 있는 경우도 있다.

큰부리까마귀

떼까마귀

그런데 최근 우리나라에서는 어느 곳에나 큰부리까마귀가 대부분이고 까마귀는 거의 볼 수 없을 정도로 감소했다. 이와 같은 변화에 대하여 확실한 조사를 통해 그 이유를 밝힐 필요가 있을 것이다.

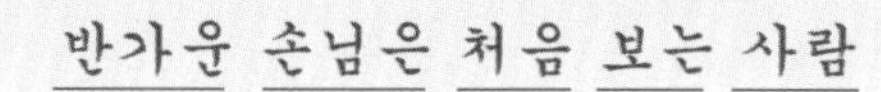

까치

분류상으로 까마귀과의 까치속에 속하는 새는 전 세계에 2종뿐이며 한국산 까치와 같은 종이지만 분포 지역에 따라 형질에 차이가 있는 아종은 13종류가 있다. 우리나라 전국에 번식하는 가장 흔한 텃새로서 야산, 벌판, 경작지, 공원, 도심에서도 흔히 서식한다. ● 높은 나무 외에 전신주에도 둥지를 만드는데 둥지의 재료로 나뭇가지뿐만 아니라 철사를 물고 와서 전기 합선 사고를 내며, 감, 배 등의 과수원에 많은 피해를 입히기도 한다. 한국에서는 한때 국조로 지정하기도 했으나 현재는 해조로 취급하여 적절히 포획하고 있다. ● 영국에서는 까치의 성질이 잔인할 뿐 아니라 빛깔이 흑백 두가지색이므로 양면성(이중인격)의 상징이라 하여 까치를 매우 싫어한다고 한다.

까 까 까
우니까 까치

우리나라의 농촌은 물론 도시에서도 흔히 볼 수 있는 까치를 모르는 사람은 없겠지만, 까치의 생태에 관해 정확하게 아는 사람은 많지 않은 것 같다.

까치는 까마귀과에 속하는 새이지만 까마귀처럼 온몸이 검지 않고 비교적 예쁜 빛깔이며, 울음소리도 까마귀와는 다르게 듣기 싫은 편이 아니다. 까치라는 이름은 이 새의 울음소리가 '까치 까치 까치' 라는 소리로 들리기 때문에 붙여진 것이라고도 하며, 또는 '까 까 까' 하고 우니까, 울음소리 '까' 에 동물의 이름에 많이 붙이는 접미어 '치' 를 붙인 것이라는 의견도 있다.

'치' 라는 접미어는 새 이름에도 붙지만, 특히 물고기 이름에 많이 붙는다. 까치, 어치, 물까치, 때까치 등은 새 이름이지만 멸치, 꽁치, 갈치, 넙치, 버들치, 가물치 등등 '치' 가 붙는 물고기 이름은 대단히 많다.

'치' 라는 접미어는 동물뿐만 아니라 사람이나 물건에 붙이기도 한다. 장사치(장사하는 사람), 안성치(안성 사람 또는 안성에서 나는 물건)라는 말도 쓰는데, 이때의 '치' 는 사람이나 물건을 다소 낮잡아 이르는 뜻을 담고 있다. 그래서인지 이름이 '치' 로 끝나는 물고기 중에 고급 물고기가 없으며, 그래서인지 제사상에도 놓지 않는다고 한다. 여하간 까치라는 이름이 울음소리에서 유래한 의성어임은 분명하다.

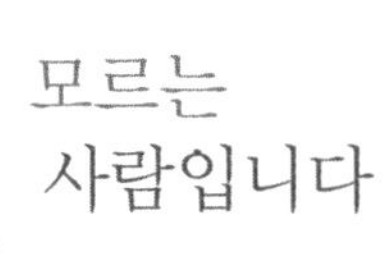

모르는 사람입니다

까치는 특히 인가 부근에 많이 산다. 시골 마을은 물론 도시의 공원에 있는 나무나 주택의 정원에 있는 큰 정원수에도 둥지를 만들며 요사이는 전봇대에도 곧잘 집을 짓는다. 이제 까치는 산야보다 도시 환경에 점점 적응하여 소위 도시새로 변했다.

우리나라에서는 까치를 사람과 매우 친근한 좋은 새로 여긴다. 지금도 시골에서는 감, 배, 사과 등의 과실을 수확할 때 깡그리 따지 않고 '까치밥' 이라고 해서 몇 개는 남겨 두는데, 이유인즉 까치가 배고플 때 와서 먹으라는 것이다.

또 시골에서는 제사를 지낸 후 음식을 얻어먹으려고 모인 잡귀신들에게 대접한다는 구실로 갖가지 음식물을 조금씩 덜어 모아 대문 밖이나 뜰에 놓아두는데, 까치가 날아와서 먹는 모습을 쉽게 볼 수 있다. 야생 동물에게도 정을 베푸는 조상들의 마음씨를 엿볼 수 있다.

옛날부터 우리나라에서는 까치가 가까이에서 울면 기쁜 소식

까치

이 있거나 반가운 손님이 찾아온다고 하여, 까치를 길조吉鳥, 희조喜鳥, 희작喜鵲이라 했는데 흉조로 불리는 까마귀와는 매우 대조적이다.

'까치가 울면 반가운 손님이 찾아온다' 라는 말이 어떤 연유에서 생겨났는지 또한 그것이 사실인지 확실한 근거는 알 수 없으나, 필자는 조류 전문가로서 다음과 같은 한 가지 가설을 세워 볼 수 있다.

옛날 몇 가호밖에 살지 않는 작은 시골 마을 어귀에 있는 큰 나무 위에 까치가 둥지를 틀었다고 하자. 이와 같은 예는 어느 곳에서나 흔히 볼 수 있는 일이다. 까치는 번식기가 되면 경계심이 많아져 알이나 새끼가 있는 둥지 가까운 곳에 사람이 접근하면 심하게 울어댄다. 까치는 새들 중에서 지능이 높고 영리하므로 항상 보는 몇 안 되는 마을 사람들은 낯을 익혀 알고 있고, 또 마을 사람들이 해를 끼치지 않기 때문에 둥지가 있는 나무 밑을 지나다녀도 예사로 여긴다. 하지만 낯선 사람, 즉 외지에서 오는 손님이 까치 둥지가 있는 동구의 나무 밑을 지날 때는 경계심을 일으켜 심하게 울어댈 것이다.

이렇게 가정하면 결과적으로 까치가 우는 것과 손님(까치에게는 낯선 사람)이 찾아온 것이 일치하게 된다. 너무 비약적인 유추인지 모르겠으나 까치가 우는 것과 손님이 찾아오는 관계를 달리 해석할 방도가 없는 것 같다. 집에서 기르는 개나 거위가 낯선 사람이 접근하면 짖거나 울어대는 것과 까치가 낯선 사람을 보고 우는 것은 큰 차이가 없는 행동이다.

여러 가지 야생 조류를 사육해 본 경험에서도 비슷한 반응을 볼 수 있었다. 집안 식구들은 사육장 가까이 접근해도 놀라지 않지만 낯선 사람이 접근하면 경계하는 태세를 취하고 울음소리를 내는 것을 종종 보았다.

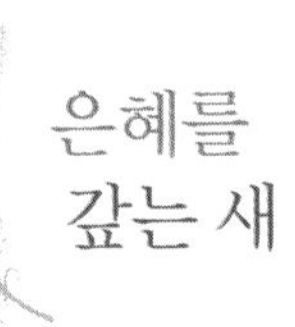

은혜를 갚는 새

쉽게 주변에서 볼 수 있기 때문에 까치는 예전부터 전설이나 속담 및 성어에 많이 인용되었으며, 대부분 '좋은 새' 라는 인상을 주고 있다. 칠석날 밤에 은하수 동쪽에 있는 견우와 서쪽에 있는 직녀를 만나게 하기 위해, 까마귀와 까치들이 떼를 지어 다리를 놓아

견우와 직녀가 까막까치의 몸을 밟고 은하수를 건너 서로 만난다는 오작교烏鵲橋 전설이 대표적이다. 이때 견우와 직녀가 발로 밟고 지나가기 때문에 까마귀와 까치의 머리 깃털이 빠진다고 한다.

실제로 칠석날(음력 7월 7일)이 지난 후 까마귀와 까치를 보면 머리의 깃털이 많이 빠져 볼품이 없다. 그래서 머리털이 빠져 아주 성긴 사람을 두고 '칠석날 까치 대가리 같다' 라는 속담이 있다.

견우와 직녀가 밟고 지나가서 깃털이 빠진다는 발상은 재미있지만, 그 시기(8월 상순경)에는 대부분의 새들이 깃갈이를 하기 때문에 까치나 까마귀도 깃털이 많이 빠져 있는 상태이다.

누구나 들었음직한 이야기로 은혜를 갚은 까치 설화도 있다. 옛날 어떤 사람이 달 밝은 밤에 까치가 하도 요란하게 울기에 밖으로 나가 보았다. 마을에 있는 큰 고목나무 위의 까치 둥지에 커다란 구렁이 한 마리가 올라가서 까치 새끼를 잡아먹으려 하고 있었는데, 두 마리의 어미 까치가 큰 소리로 울면서 결사적으로 구렁이와 싸우고 있었다. 이를 보고 측은하게 여긴 그 사람은 구렁이를 잡아 죽이고 까치 새끼를 구해 주었다.

헌데 죽은 구렁이의 남편 되는 수구렁이가 암구렁이를 죽인 데 앙심을 품고 원수를 갚기 위해 호시탐탐 복수할 기회를 노렸다. 어느 날 밤 암구렁이를 죽인 사람이 술에 취해 잠든 것을 본 수구렁이는 몰래 방으로 기어들어가 그 사람의 목을 조여 죽이려 했다. 어미 까치는 새끼를 구해 준 사람이 위험에 빠지자 지붕 위에서 또 방문 앞을 날아다니며 큰 소리로 울어대었으나 만취하여 깊이 잠든 터라 소용이 없었고, 구렁이가 그 사람의 목을 감아 조르기 시작했다.

그런데 그 구렁이는 밤에만 활동할 수 있고, 새벽을 알리는 종소리가 울리기 전에 깊은 굴속으로 숨어야 하는 약점이 있었다. 그렇지 않고 햇빛을 받으면 즉시 죽게 되는 것이었다. 이러한 사정을 아는 어미 까치는 어서 빨리 새벽이 와서 종소리가 울리기를 애타게 바랐으나, 이대로 기다리다가는 구렁이가 그 사람을 죽이고 말 것 같았다.

사태가 급박함을 느낀 두 마리 어미 까치는 할 수 없이 멀리서 날아와서 교회의 종에 힘껏 머리를 부딪쳐 종소리를 울리고 머리가 깨어져 죽었다. 종소리를 들은 구렁이는 달아났고 그 사람은 생명을 구할 수 있었다.

죽음으로 은혜를 갚은(이른바 살신보은하는) 까치 이야기는 지방에 따라 조금씩 다르게 전해지기도 한다. 과거를 보러 한양으로 가던 선비가 큰 나무 위에 있는 둥지 속의 까치 새끼를 잡아먹으려는 커다란 구렁이를 활로 쏘아 죽였다. 그러고는 산길을 가다 해가 저물었으므로 산속의 묵은 절간에서 잠을 자던 중, 죽은 구렁이의 아내 되는 암구렁이가 나타나서 복수를 하려 했다. 놀라 깬 선비에게 수백 년 묵은 암구렁이는 살고 싶으면 오랫동안 소리를 내지 않은 이 절의 종을 날이 밝기 전에 울리라는 요구를 했다.

선비의 난감한 사정을 알게 된 어미 까치는 새끼를 구해 준 은혜를 갚기 위해 머리로 종을 힘껏 받아 울리게 했다. 종소리를 들은 구렁이는 이내 용이 되어 승천하고 선비는 생명을 구했으나, 어미 까치는 머리가 깨어져 죽었다고 한다. 이러한 설화들은 물론 사실이 아니지만, 까치를 이로운 새로 묘사하고 있다.

옛날 시골에서는 까치가 둥지를 낮은 곳에 지으면 그 해는 큰 태풍이 온다고 하여 까치가 먼 미래의 날씨를 알려 준다고 믿었다. 어느 정도 신빙성이 있는지는 알 수 없으나, 까치를 여러모로 사람에게 도움을 주는 좋은 새로 인식했던 것만은 분명하다.

'까치'로 시작하는 말

'까치'는 새의 이름이지만 접두어(어근이나 단어 앞에 붙어서 새로운 단어가 되게 하는 말)로도 많이 인용된다. "까치 까치설날은 어저께고요…"라는 동요에서 '까치설날'은 설날 바로 전인 섣달그믐(음력 12월 30일, 음력으로는 한 해의 마지막 날이 된다)을 말하며 지방에서는 '작은 설'이라고도 한다.

까치설날에는 아이들에게 설날 입힐 옷과 신발, 모자 등을 챙겨 입혀 보는데 이러한 옷, 모자, 신발 등을 '까치설빔'이라고 한다. 아이들이 입는 까치설빔으로는 까치꽃(색동저고리), 까치옷(때때옷, 알록달록한 옷), 까치저고리, 까치두루마기 등이 있다.

까치의 몸빛은 검은색과 흰색 두 가지뿐인데(실제로 까치의 검은색, 특히 날개깃과 꽁지깃은 푸른빛과 보랏빛의 광택이 있는 검은색이다) 왜 오색으로 된 알록달록한 옷을 '까치옷' 이라고 불렀을까? 이는 아마도 고운 옷을 입은 아이들이 기뻐서 '까치걸음' 을 걷기 때문일 것이다. '까치걸음' 이란 아이들이 기쁠 때 두 발을 모아 깡충깡충 뛰어다니는 걸음을 말한다.

까치설이나 까치옷, 까치걸음이라는 말 외에 동식물의 이름에도 '까치' 라는 접두어가 붙는다. 까치비오리, 까치독사, 까치살모사, 까치복, 까치돔, 까치상어, 까치고들빼기, 까치깨, 까치다리, 까치수염, 까치수영, 까치밥나무, 까치박달, 까치무릇, 까치콩 등 동식물 이름에 까치라는 말이 들어가는 것이 대단히 많다. 까치의 빛깔이나 모양을 닮았거나 또는 아기자기하고 다른 것보다 조금 작은 것들에 까치라는 접두어를 많이 붙인다.

이밖에도 여러 사물들에 까치라는 접두어가 붙기도 한다. 집에서 주로 여자가 쓰는 여덟 모지거나 둥구 모양의 부채扇루, 바닥 전체를 X형으로 나누어 위아래는 붉은빛, 왼편은 누른빛, 오른편은 푸른빛으로 색칠한 것을 까치선扇이라고 한다. 선반이나 탁자 따위의 널빤지를 받치기 위해 버티어 놓은 삼각형으로 된 나무나 쇠를 '까치발' 이라 하고, 네 귀에 모두 추녀를 달아서 지은 팔각

집 대마루의 양쪽 머리에 ㅅ자 모양으로 붙인 널빤지를 '까치박공' 이라 한다.

또 발가락 밑에 살이 터지고 갈라져서 아프고 쓰린 곳을 '까치눈' 이라 하며, 바다의 수평선에서 석양을 받아 희번덕거리는 물결을 '까치놀' 이라고도 한다. 하지만 이상과 같은 여러 가지 용어에서는 어떤 뜻으로 '까치' 라는 접두어가 붙었는지 그 연유를 확실히 알 수 없는 것들이 많다.

예전에는 아기를 낳은 산모가 젖이 잘 나오지 않을 때 까치 고기를 먹으면 효과가 있다는 말도 있었다. 《명의별록》이나 《본초강목》 등의 고전 의약서를 보면 까치 고기는 청열淸熱, 산결散結, 석임石淋 등에 사용한다고 했다. 즉 열과 담을 다스리므로 폐결핵에 효과가 있고, 비뇨 생식기의 질병에 사용한다고 했으나 그 효과는 실제로 검증되지 않은 것 같다. 까치 고기를 맛으로 먹는 사람도 상당수 있었기에 까치 고기를 재료로 한 '까치구이', '까치볶음' 이라는 요리 이름도 있다.

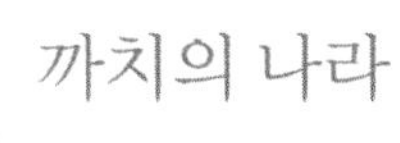

까치의 나라

많은 국가에서는 그 나라의 새 중에서 대표적이고 상징적 의미가 있는 새를 국조國鳥(나라의 상징인 새)로 정하고 있다. 미국은 흰머리수리, 일본은 꿩(일본꿩), 덴마크는 종다리, 영국은 울새, 독일은 황새, 인도는 공작, 네덜란드는 저어새, 벨기에는 황조롱이, 아이슬란드는 새매, 스웨덴은 검은울새, 오스트리아와 에스토니아는 제비 등등 여러 나라가 저마다의 국조를 가지고 있다.

우리나라에서는 옛날부터 까치를 길조로 여겼기에, 1965년에 까치를 한국의 국조로 지정하자는 의견이 있었다. 1964년 10~12월《한국일보》에서 국민들을 대상으로 설문 조사한 결과, 10종류의 후보 가운데 까치가 최다 득표를 얻어 국조로 정했다고 한다. 외국 서적에도 까치가 한국의 국조라고 기록되어 있다.

그런데 필자가 안전행정부에 문의해 보니 국조를 지정한 적이 없다고 하므로 이해할 수가 없는 일이다. 우리나라에서 한때 도조道鳥와 시조市鳥를 정한 적이 있는데, 당시 서울특별시, 충청북도, 전라북도 등 여러 도와 시에서는 까치를 선정했다.

1960년 일본 동경에서 개최한 제12차 국제조류보호회의 총회에서 각 회원국이 국조를 지정하자는 결의가 있은 후, 여러 나라에서 국조를 지정해 보호하고 있다. 일본에는 원래 까치가 없었으나 한국에서 가지고 간 것이 정착하여(16세기 임진왜란 당시라는 설도 있음), 현재는 규슈 북부의 한정된 지역에만 소수 서식하고 있으며 천연기념물로 지정하고 있다.

우리나라와 마찬가지로 아시아에서는 대체로 까치를 '행복을 가져다주는' 좋은 새로 인식한다. 하지만 영문학에서는 까치를

'불길한 새' 로 취급한다. 이유인즉 몸빛이 흑백의 두 가지 색, 즉 양면성(이중성)을 지녔기 때문이다. 또 유럽과 아메리카에서는 생태계에 많은 피해를 줄 뿐만 아니라 성질이 잔인하기 때문에 까치를 싫어하기도 한다.

까치의 성질이 잔인하다는 것은 필자도 많이 느끼고 있다. 까치의 먹이는 각종 나무 열매, 과일 종자, 곡식 알맹이는 물론 곤충이나 지렁이, 작은 물고기, 개구리, 도마뱀, 사람이 버리는 음식물 찌꺼기에 이르기까지 다양하다. 하지만 종종 다른 새의 알과 새끼를 잡아먹기도 한다.

언젠가 필자가 새를 조사하던 중 멧비둘기 둥지에서 알을 훔쳐 먹는 것을 보았으며, 부상당한 멧비둘기를 여러 마리의 까치가 달려들어 잡아먹는 모습을 본 적도 있다.

어린 꺼병이(꿩병아리)를 물고 가거나 냇가에서 꼬마물떼새의 어린 새끼를 물고 가는 것도 여러 번 보았다.

꼬마물떼새

우리나라에서 꿩의 번식을 저해하는 가장 큰 원인이 까치와 너구리가 날지 못하는 꿩의 어린 새끼를 많이 잡아먹기 때문이라는 견해도 있다. 여러 정황으로 볼 때 까치가 성질이 잔인한 새인 것만은 분명하다.

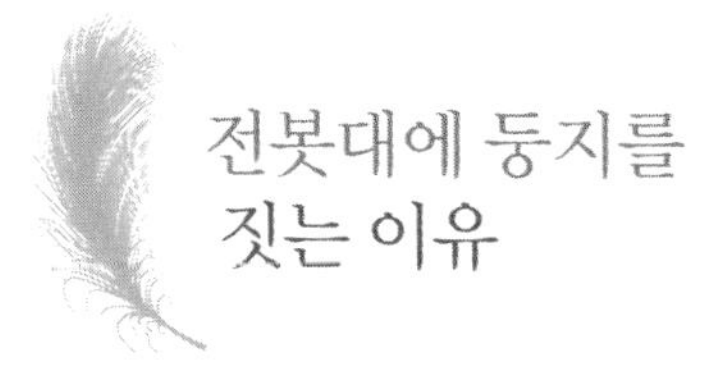

전봇대에 둥지를 짓는 이유

요즘 들어 까치의 피해를 호소하는 사람이 많다. 논밭에 파종한 벼, 보리, 콩, 옥수수 등의 씨를 파먹고 과수원에서 과실을 마구 쪼아 먹으며, 전봇대에 둥지를 틀어 전기 합선 사고를 일으키는 등 피해가 상당하다고 한다.

전기 합선 사고가 일어나는 까닭은 까치가 전봇대에 둥지를 만들 때 나뭇가지뿐만 아니라 철사를 물고 와서 전선에 걸치기 때문이라고 한다. 최근 까치의 피해를 조사한 결과에 따르면 우리나라에서만 연간 400억 원 이상의 피해가 발생한다고 한다. 이처럼 까치로 인한 피해가 늘어가자 점점 까치가 미움의 대상으로 전락하는 듯하다. 과거에 까치를 도조나 시조로 지정한 각 지방 자치단체에서 까치 대신 백로나 원앙이 등으로 바꾸었다는 이야기도 들린다. 현재 한국전력공사에서는 정부의 허가를 받아 까치 퇴치에 힘쓰고 있다.

그런데 까치가 전봇대에 둥지를 만드는 이유는 무엇일까? 십여 년 전 생태학자로 유명한 모 교수가 TV에 출연해 말하기를, "까치가 전봇대에 둥지를 만드는 것은 둥지를 만들 수목을 사람이 너무 벌채했기 때문"이라고 했다. 그 교수의 엉터리 해설에 필자는 아연실색하고 말았다. 참으로 괴이하고 어이없는 해설이었다. 마치 "황새가 왜 한 발을 들고 외다리로 서 있는가"라는 물음에, "두 발을 모두 들면 자빠지기 때문"이라는 해설과 꼭 같다고 하겠다.

요사이는 산야보다 도시에 더욱 많은 까치가 살고 있으며 옛날보다 개체 수도 증가했다. 참새나 집비둘기처럼 도시 환경에 적응하여 도시에 사는 새를 도시새라고 하는데, 까치를 비롯해 황조롱이, 빗죽새(직박구리), 딱새 등 여러 종류의 새들이 도시새로 변해가는 경향을 보인다.

매과에 속하는 황조롱이는 원래 산과 들에 서식하며 번식기가 되면 주로 암벽의 적당한 곳에 산란하거나 간혹 묵은 까치 둥지에도 산란했는데, 요즈음은 도시에 많이 살면서 번식기에 고층 건물 특히 높은 아파트의 옥상에 놓아둔 빈 상자나 큰 화분 등에 산란하는 경우가 많다.

황조롱이

이전에는 그렇지 않던 황조롱이가 왜 아파트 옥상에서 번식하는가라고 묻는다면, 나무를 너무 벌채했기 때문에 까치가 전봇대에 둥지를 만든다고 말한 그 교수는 무엇이라고 해설할까?

남의 잘못을 꼬집는 것이 아니다. 모르면 말을 하지 않는 것이 학자의 양식이다. 모르면서 함부로 지껄이는 것은 학자의 양식이 아니다. 더구나 유명한 대학의 교수이기에 학생들은 그가 말한 거짓말을 곧이들을 것 아닌가.

자연 현상을 정확히 이해하고 판단하려면 무엇보다 자의적이고 비약적인 상상은 금물이다. 그리고 자신이 가진 부족한 지식의 테두리 안에서 모든 것을 판단하려 해서는 안 된다. 어떤 동물의 본능과 습성을 정확히 알아야만 그 동물의 행동을 이해하고 판단할 수 있다.

까치가 전봇대에 둥지를 만드는 것은 까치의 본능과 습성이며, 습성이 때로는 변하기도 한다. 둥지를 만들 나무가 없어서가 아니라, 도시에 적응한 까치가 보기에 전봇대가 나무보다 더 둥지를 만들기 좋아 보이기 때문이다. 어렵고도 쉬운 이치를 알아야 한다.

비슷한 경우로, 최근 제비가 많이 감소한 것을 보고 농약 때문이라고 단정하는 사람이 많다. 물론 농약의 피해도 있지만, 단순히 농약만이 아닌 여러 가지 복합적인 요인이 작용한 결과이며, 무엇보다 제비가 둥지를 만드는 습성과 본능 때문이라는 것을 알아야 한다.

제비는 기와집이나 초가집의 처마 밑 벽에 진흙을 붙여 쌓아서 둥지를 만드는데, 가옥 개량으로 둥지를 만들 곳이 많이 사라져 번식을 하지 못한 것이 제비가 감소한 가장 큰 원인이라 하겠다. 나무가 없어 전봇대에 둥지를 만든다는 식으로 해석한다면 콘

크리트 건물의 벽에도 제비가 둥지를 만들어야 하겠으나, 그러지 않는 것이 제비의 본능이고 생태이다. 새의 본능이나 습성 등 동물 행동학적인 이야기는 다른 기회에 하기로 한다.

비둘기과에 속하는 새는 전 세계에 302종(832아종)이 있다. 작은 것은 참새만 한 종류도 있고 큰 것은 대형 닭보다 크지만 모두 식물성 먹이를 먹고 한 배에 1~2개의 알을 낳는다. ● 우리나라에서는 사육종 외의 야생종으로서 멧비둘기, 흑비둘기, 양비둘기, 염주비둘기, 녹색비둘기, 홍비둘기, 분홍가슴비둘기, 흰점박이비둘기, 집비둘기 등 9종이 기록되었는데 집비둘기와 멧비둘기 외에는 매우 희소한 종들이다. ● 비둘기류 중 귀소성이 특히 강한 계통을 전서구라 하여 예전에는 편지를 전하는 수단으로 이용했으나, 지금은 멀리 떨어진 곳에서 날려 보내 빨리 돌아오기 시합을 하는 경기용으로 사육하고 있다. ● 그 외에 공작비둘기나 쟈코빈 등의 품종은 모양과 빛깔이 아름다워 관상용으로 사육한다.

비둘기

고향이 그리운 건 마찬가지

멧비둘기

비둘기 고기를 먹으면 아들을 못 낳는다고?

비둘기를 한자로 구鳩 또는 합鴿이라 쓴다. 옛날 기록에 멧비둘기를 '비닭이' 라고 한 것을 종종 보는데 '비닭이' 라고 부른 재미있는 연유가 있을 것 같지만 확실히 알 수가 없다.

우리나라의 산야에서는 흔히 멧비둘기(산비둘기)를 볼 수 있는데, 우는 소리가 상당히 특이하다. '꾸우 꾸우 꾸욱 꾸욱, 꾸욱 꾸욱 꾸욱 꾸우, 꾸룩 꾸룩 꾸꾸 꾸욱' 하고 우는 것이 무슨 넋두리를 하듯 궁상스럽고 처량하게 들린다. 그래서인지 옛날 시골 어떤 지역에서는 비둘기 울음소리에 '영감 죽고 자식 죽고 나 혼자 어찌 살꼬' 라며 해학적인 대사를 붙이기도 했다.

멧비둘기는 옛 문헌에 명구鳴鳩, 골구鶻鳩, 반구班鳩, 산반구山班鳩, 산구山鳩, 산합자山鴿子, 추鵻, 청추靑鵻, 청구靑鳩, 청구아靑鳩兒, 축구祝鳩, 효순조孝順鳥, 황갈후黃褐候 등 무척 많은 별명으로 기재되어 있다.

멧비둘기는 고기 맛이 좋기로 유명한데, 특히 1월正月에 먹는 비둘기 고기 맛을 최고로 쳐서 정구지미正鳩之味, 정구일미正鳩一味라고도 한다. 예전에는 "아이들은 비둘기 고기를 먹으면 안 된다" 라는 말이 있었다. 이유인즉 아이들이 비둘기 고기를 먹으면 결혼 후 아이를 둘밖에 낳지 못한다는 것이었다.

비둘기(멧비둘기 또는 집비둘기)는 알을 낳을 때 한 배에 꼭 두 개씩만 낳으며, 알에서 부화된 새끼는 거의 암수 쌍이 된다. 아들이 많은 것을 큰 복으로 여기던 옛날에는 비둘기처럼 아이를 둘밖에 낳지 못한다면, 즉 아들을 하나밖에 못 낳는다면 큰 낭패였을 것이다.

물론 비둘기 고기를 먹으면 아들을 하나밖에 못 낳는다는 것은 터무니없는 소리이다. 만약 비둘기의 고기를 먹어서 아들딸 둘만 낳는 것이 틀림없는 사실이라면, 요즘처럼 아들딸 둘만 낳는 게 선호되는 세상에서는 비둘기가 모두 잡아먹혀 남아나지 못할 것이다.

이러한 미신과 낭설은 비둘기 고기에 관한 것만이 아니다. "임신한 여인이 오리고기를 먹으면 손가락이나 발가락이 오리발처럼 붙은 아이를 낳는다"라는 말이 있었고(사실은 합지증이라는 유전병이다), "여자가 참새고기를 먹으면 그릇을 잘 깨뜨린다"라고 했으며 "노루(또는 고라니) 고기를 먹으면 재수가 없고 액운이 닥친다"라는 말도 있었다.

그런데 이러한 말들이 생겨난 유래에 대해 재미있는 풀이가 있다. 비둘기 고기가 너무 맛있으니까 먹을 양이 부족해서 아이들이 못 먹게 하려고 어른들이 지어낸 말이라는 것이다. 참새고기 역시 그러한 목적으로 여인들이 먹지 못하게 하기 위해서이며, 노루 고기도 상놈들(신분이 낮은 남자들을 낮잡아 이르는 말)이 마구 잡아먹으면 노루가 감소할 염려가 있어 잡아먹지 못하도록 양반들이 지어낸 말이라고 한다. 제법 그럴듯한 해석 같기도 하다.

여러 고전 의약서에는 멧비둘기의 약효로 익기명목益氣明目, 강근장골强筋壯骨, 구병기허久病氣虛, 쇠약무력衰弱無力, 애역呃逆, 양목혼암兩目昏暗 등에 효과가 있다는 기술이 나온다. 즉 병으로 허약해진 사람을 회복시키고 건강이 증진되며, 눈을 밝게 하고 구역질을 다스리는 등 여러 가지 효과가 있다는 것이다. 현대 의약학적으로 검증된 것은 아니지만, 동물성 고급 단백질을 섭취해서 건강이 회복되는 경우로 볼 수 있겠다.

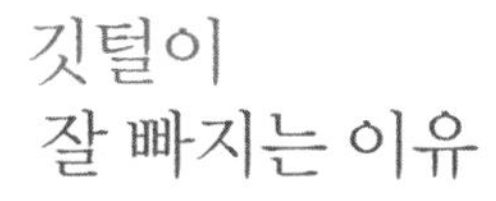

깃털이 잘 빠지는 이유

멧비둘기는 둥지를 매우 허술하게 만든다. 나무 위에 작은 나뭇가지를 조금 물어다 모은 후에 알을 낳는데, 둥지가 엉성하여 밑에서 쳐다보면 보통은 알이 보인다.

멧비둘기는 한 배에 알을 두 개씩만 낳지만, 한겨울에 번식하는 경우도 있어 연중 대여섯 차례 알을 낳는다. 그리고 첫째 배의 알이 부화하면 새끼 기르는 일은 수컷에게 맡기고 암컷은 둘째 배의 알을 낳아 부화시켜서 새끼를 기른다. 생장 속도가 빨라 새끼들도 곧 번식하므로 번식률이 대단히 높아 좋은 환경에서는 한 쌍이 1년에 50마리 이상으로 불어난다고 한다.

비둘기는 각종 나무의 작은 열매와 씨, 곡식, 식물의 새싹 등 순전히 식물성 먹이를 먹으며, 새끼에게는 어미가 먹은 것을 모이주머니에서 물에 불려 부드럽게 만든 후 게워서 먹인다. 새끼는 어미의 입속에 부리를 넣고 어미가 게워내는 것을 받아먹는데, 어미가 새끼에게 주는 먹이를 보면 어미의 모이주머니에서 분비된 뿌연 액이 섞여 있다. 이 뿌연 액체에는 여러 가지 영양소가 함유되어 있어, 이를 비둘기 젖Pigeon milk이라고도 한다.

비둘기는 물을 먹을 때 독특한 동작을 취한다. 새들은 대개 입속에 물을 머금은 후 목을 치켜들고 물을 삼키지만, 비둘기류는 부리를 물속에 담근 채 꿀꺽꿀꺽 물을 마신다. 이와 같은 동작으로 물을 먹는 것은 모든 새 중에서 비둘기류만이 갖는 특성이다.

또 비둘기는 소금기를 좋아하므로 해변에서 바닷물을 먹는 것을 이따금 볼 수 있다. 그래서 비둘기류를 사육할 때 소금을 조금 흙에 섞거나 물에 타서 공급하는 것이 비둘기를 건강하게 기르는 한 가지 요령이다.

옛날 꿩 사냥에 쓸 매를 산야에서 덫으로 사로잡을 때는 살아 있는 멧비둘기로 유인하여 잡았다. 그만큼 매는 멧비둘기 고기를 좋아하는데, 그래서 멧비둘기의 별명을 '매鶻가 좋아하는 비둘기鳩' 라는 뜻으로 골구鶻鳩(매비둘기)라고도 했다.

비둘기류 특히 멧비둘기는 깃털이 대단히 잘 빠진다. 날개깃의 첫째 줄과 둘째 줄 큰 깃털을 제외한 등과 배, 어깨, 가슴, 꼬리 등의 깃털은 조금만 잡아당겨도 쉽게 빠지는데, 이는 자연에서 포식자인 매가 잡으려 할 때 깃털만 흘리고 몸은 쉽게 빠져나가서 달아나는 즉 몸을 보호하기 위한 일종의 방위 수단이라고도 한다.

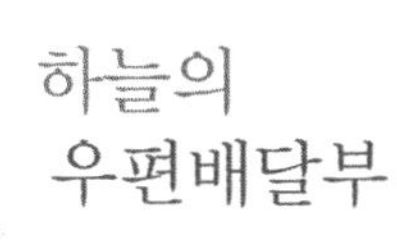

하늘의 우편배달부

우리나라에서 멧비둘기보다 더욱 흔하게 보는 비둘기는 집비둘기이다. 집비둘기는 도시의 공원이나 역의 광장, 운동장 등에 수십 수백 마리가 모여 있는 경우가 많고, 사람을 무서워하지 않아 아파트 단지 놀이터나 도로에서도 흔히 볼 수 있다. 그리고 건물의 처마 밑, 다리 밑, 아파트의 베란다 등 적당한 틈만 있으면 둥지를 만들어 번식한다. 누가 사육하는 것도 아닌데 마치 기르는 짐승처럼 겁을 내지 않는다.

집비둘기의 조상은 아프리카 북부에서 중국까지 널리 분포하는 들비둘기Rock pigeon이다. 기원전 4000년경에 이미 중동에서 사육했으며 기원전 3000년경부터는 이집트 등에서 많이 사육하면서 식용, 관상용, 경기용 등 여러 가지 목적과 용도에 맞춰 개량되

포우터
공작비둘기
집비둘기
트럼펫비둘기
쟈코빈

었다.

현재는 500품종 이상의 다양한 종류가 있는데, 이들 중에는 사람이 먹이를 공급하지 않으면 살아갈 수 없는 것들도 있다. 그렇지만 우리가 흔히 보는 집비둘기는 사육하던 도중에 달아나거나 버려져서 다시 야생화한 것으로, 특히 도시 환경에 적응한 일종의 야생 조류이다.

집비둘기 중에 전서구傳書鳩라는 품종이 있다. 말 그대로 편지(서한)를 전하는 비둘기이다. 그런데 비둘기는 편지를 받을 상대방 주소도 모를 텐데 어떻게 편지를 전하는 것일까?

여러 종류의 동물은 집(둥지)이나 자신이 항상 살고 있는 곳에서 멀리 떨어졌을 때 원래 살던 장소로 돌아가려는 성질이 있는데, 이와 같은 성질을 귀소성 또는 귀소 본능歸巢本能이라고 한다.

항상 고향을 그리워하는 마음을 일컫는 '여우도 죽을 때는 제가 살던 언덕 쪽으로 머리를 향한다狐死正丘首' 는 옛말처럼, 동물뿐만 아니라 사람도 귀소 본능이 있다고 한다. 타향살이하는 사람이 느끼는 향수鄕愁도 일종의 귀소 본능 심리라고 할 수 있다.

귀소 본능이 특히 강한 동물로는 꿀벌이나 집비둘기를 들 수 있다. 그리고 번식기에만 귀소 본능이 발동하는 종류도 있다. 예를 들면 제비를 비롯한 여러 종류의 철새가 그렇다. 특히 신천옹(알바트로스), 바다거북, 연어 등은 태어난 후 다른 곳으로 아주 멀리 떠나 오랫동안 성장한 뒤 번식기가 되면 몇 년 또는 몇십 년 전

자신이 태어난 장소로 찾아간다.

전서구는 집비둘기 중에서 귀소 본능이 특히 강한 것들을 골라서 더욱 귀소 본능이 강한 쪽으로 품종을 개량한 것이다. 때문에 전서구는 놀라운 귀소 본능을 가지고 있어, 한 번 정해진 둥지 외에는 절대로 들어가지 않는다.

처음 가 본 곳이나 아주 먼 곳에 갖고 가서 날려도 꼭 자기 둥지로 찾아가며, 오랫동안 가두어 기르더라도 놓아주기만 하면 즉시 처음 살던 둥지로 돌아간다. 가령 부산에서 기르던 전서구를 서울로 갖고 가서 우리 안에서 2~3년 동안 기르다가 풀어 주면 즉시 부산에 있는 자신이 살던 둥지를 찾아간다. 그렇다면 도대체 어떤 감각과 능력으로 전서구는 멀리 있는 자신이 살던 둥지를 찾는 것일까?

비둘기나 연어, 바다거북 등이 어떤 능력으로 자신이 태어난 장소를 다시 찾는지, 또 철새들이 어떻게 수만~수십만 킬로미터 떨어진 번식지와 월동지 사이를 왕래하는지는 많은 학자들의 연구 대상이었다. 다양한 연구를 통해 학자들은 동물들의 장거리 이동 시 방향 판정方向判定에 관한 여러 가지 학설을 내놓았다.

예컨대 비둘기는 시력이 대단히 좋고 양 눈의 위치가 주변 340도까지 살필 수 있어서, 높이 날아오르면 적어도 40킬로미터 이상의 시야를 한눈에 볼 수 있다고 한다. 게다가 기억력이 좋아 이전에 보았던 위치를 기억하기 때문에 시력으로 방향을 판단한다는 시력설視力說이 있다.

이밖에도 비둘기는 냄새 감각이 뛰어나고 기억력이 좋으므로 자신이 살던 곳의 냄새를 기억하여 찾아간다는 후각설嗅覺說, 몸(머리) 속의 미세한 자철광磁鐵鑛 입자가 지구의 자기磁氣를 감지하여 방향을 알아낸다는 지자기설地磁氣說, 시간에 따라 태양의 위치를 감지하는 구조(생물 시계와 태양 나침반)가 있어 자신이 현재 어느 위치에 있다는 것을 알 수 있다는 태양 나침반설 등이 있으나 어느 것이 정설이라고 하기는 어렵다.

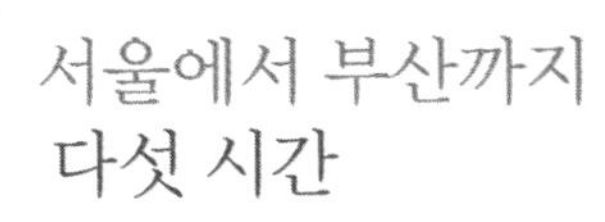

서울에서 부산까지 다섯 시간

통신 수단이 발달하지 못한 옛날에는 전서구를 기르는 사람이 흔히 있었다. 전서구에 의한 통신 방법은 기원전 3000년경에 이집트에서는 먼바다에서 고기를 잡는 어선의 통신 수단으로 이용했다는 기록이 있고, 고대 그리스에서 올림픽 승전보를 급히 알릴 때 이용했다는 기록도 있다. 전서구는 군대에서도 많이 이용했는데, 제1차 세계 대전 때는 10만 마리 정도가 이용되었고, 제2차 세계 대전 때는 20만 마리 이상이 이용되었다고 한다. 한국 전쟁 때는 미군 통신 부대가 전서구를 이용하기도 했다. 인공위성 등

통신 수단이 최고로 발달한 오늘날에도 중국의 산악 오지에는 전서구를 이용해 소식을 진달하는 곳이 남아 있다.

전서구를 사육하려면 아직 잘 날지 못하는 새끼를 분양 받아, 처마 밑 같은 곳에 드나들 수 있는 집(둥지)을 만들어 걸어 두고 날아가지 못하게 날개깃을 적당히 뽑은 후 자기 집에 드나들게 길들인다. 날지 못하게 날개깃을 뽑았으므로 둥지에 쉽게 드나들 수 있도록 작은 사다리를 만들어 걸쳐 주기도 한다. 시일이 지나면서 자신이 사는 둥지가 고정되고 날개깃이 다시 자라나면 이 비둘기(전서구)는 앞으로 죽을 때까지 자기 집에만 드나든다. 아파트 등 사육 공간이 부족할 때는 베란다에 가로 세로 각각 60센티미터 정도 높이로 그물망 사육장을 만들면 4마리까지 사육할 수 있으며, 사육장 속에서 번식도 시킬 수 있다.

전서구

이렇게 키운 전서구를 이용하면 전국 어디에나 소식을 전할 수 있다. 한 예로 부산에서 전서구를 사육하는 사람이 서울에 갈 일이 있으면 집을 나설 때 전서구 한 마리를 작은 통에 넣어서 간다. 그리고 서울에 도착하는 즉시 무사히 도착했다는 쪽지를 써서 전서구의 발에 붙여서 날린다. 보통 전서구의 다리에는 편지나 쪽지를 끼울 수 있는 가벼운 가락지를 항상 채워 두고 있다.

쪽지를 매단 전서구는 하늘 높이 올라 빠른 속도로 부산에 있는 자기 둥지까지 날아간다. 부산에 있는 가족들은 비둘기가 둥지에 돌아온 것을 보고 줄을 당겨 둥지의 입구를 막은 후(비둘기가 들어가면 자동으로 문이 닫히는 장치도 있다), 비둘기를 잡아서 다리에 매달린 쪽지를 보고 무사히 서울에 도착한 것을 알게 된다.

전서구는 종일 먹지도 않고 하루에 1,000킬로미터까지 계속 날 수 있으며 속도도 대단히 빠르다. 비둘기의 속도를 시속 80~100킬로미터로 볼 때 서울과 부산 사이는 4~5시간 정도면 소식을 전할 수 있으므로, 전화 같은 통신 수단이 발달하지 못한 옛날에는 놀라운 통신 방법이었다.

필자가 어린 시절인 제2차 세계 대전 말기에 일본군 부대에서 전서구를 여러 마리 기르는 것을 본 적이 있다(특히 군용으로 사육하는 전서구는 전령구傳令鳩라 한다). 군의 본부에서 사육하는 많은 전령구를 각 예하 부대에서 몇 마리씩 갖고 가 사육통 속에 가두어 기르는 것이었다. 그리고 본부에 급히 연락할 일이 있을 때 비둘기 다리에 쪽지(보고서)를 붙여서 날리면 이 전령구는 원래 자신이 살던 군 본부에 있는 자기 둥지로 돌아가는 방식이었다. 당시에는 각 부대에 전령구 사육을 전담하는 사병이 별도로 있었다.

2003~4년 방영된 KBS TV드라마 〈무인시대〉에도 통신 수단으로 전서구를 이용하는 장면이 나온다. 그것이 사실이었다면 고

려 시대에 어떤 계층에서 전서구를 얼마나 사육하고 이용했을지 궁금하다.

오늘날에도 외국에는 전서구를 사육하는 사람이 꽤 있는데, 통신 수단으로 사육하는 것이 아닌 경기용 전서구가 대부분이다. 전서구를 멀리 떨어진 곳에 갖고 가서, 여러 사람이 기르는 전서구들을 동시에 날려 어느 놈이 가장 빨리 자기 둥지로 돌아오는가를 겨루는 경기이다.

최근에는 일본이나 대만에서 기르는 전서구를 우리나라에 갖고 와서 날려 보내는 일이 가끔 있다고 한다. 날려 보낸 전서구들이 동해를 건너 일본이나 대만까지 돌아가는데 시간이 얼마나 걸리는지, 또 어느 놈이 가장 먼저 돌아오는지 알아보기 위한 실험일 것이다. 그런데 이렇게 날려 보낸 전서구들 중 가끔 방향을 잃고 자기 집으로 돌아가지 못해 방황하는 경우도 있다. 그러한 전서구 중 필자의 손에 들어온 것도 여러 마리나 있었다.

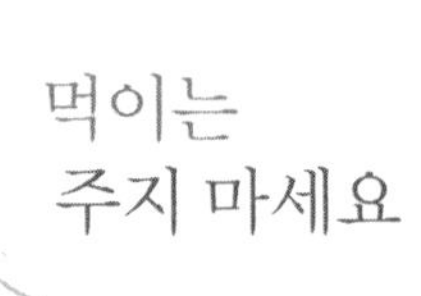

먹이는 주지 마세요

집비둘기는 사람을 무서워하지 않고 성질이 온순하며, 많은 개체가 모여 살아도 서로 싸우지 않고 의좋게 지내므로 옛날부터 평화의 상징으로 여겨 왔다. 그래서 운동회나 축제 등 넓은 광장에서 실시하는 행사가 있을 때면 많은 비둘기를 일시에 날려 보내는 모습을 연출하기도 한다.

공원에 가면 떼 지어 있는 비둘기를 쉽게 만날 수 있는데, 우리나라는 물론 세계 여러 나라에서 도시 환경에 적응한 집비둘기가 지나치게 많이 증식하여 그 피해가 크다고 한다.

제분 공장에서 곡물을 하역할 때 수백 마리 이상이 떼를 지어 날아와 마구 똥을 싸거나 문화재로 지정된 건물을 배설물로 훼손하고, 이곳저곳 옮겨 다니면서 사람과 가축의 전염병을 전파시키기도 한다. 공항에서는 항공기의 공기 흡입구에 빨려 들어가 큰 사고를 일으킬 위험도 있다.

최근에는 집비둘기의 배설물에서 크립토콕쿠스균이 검출되었다는 보고도 있다. 크립토콕쿠스균은 사람에게 피부병과 호흡기 질병 등을 일으키는 위험한 병균이다. 뿐만 아니라 비둘기 배설물은 살모넬라균 같은 소화기 질병을 일으키는 병균과 근래 축산업에 많은 피해를 주는 조류 인플루엔자의 병원체를 전파시킬 가능성도 높다고 한다. 집비둘기가 주는 피해를 정확히 계산하기는 어려우나, 미국에서는 집비둘기의 배설물에 의한 피해만 연간 11억 달러 이상이라고 한다.

집비둘기의 증가를 저지하기 위해서는 대량 포획, 불임제 투약 등의 방법이 있겠으나 그와 같은 방법은 경비도 많이 들고 동물 애호가들의 반대로 실시하기 곤란하다. 그러므로 무엇보다 집비둘기 스스로 번식을 하지 못하게 하는 것이 바람직한데, 공원이나 광장 등에서 먹이를 주지 않는 것이 중요하다.

외국에서 실험한 결과에 의하면 집비둘기의 증식을 억제하기 위해서는 먹이 공급원을 차단하는 것이 가장 효과적이라고 한다. 일부 국가에서는 집비둘기뿐만 아니라 야생 동물에게 함부로 먹이를 공급하지 못하게 법으로 정한 곳도 있다. 최근 우리나라에서도 점차 심해지는 집비둘기의 피해를 방지하기 위해, 환경부에서 집비둘기를 유해 조수有害鳥獸로 지정해 지자체장의 허가를 받아 집비둘기를 포획할 수 있게 했다.

생태계를 교란하는 외래종

한국에는 전국적으로 까치가 많이 서식하지만, 울릉도와 제주도는 원래 까치가 없는 곳인데 자연 생태계의 이치를 잘 모르는 지각없는 사람들이 인위적으로 까치를 이주시켰다. 까치가 없는 것이 그곳 생태계의 특징인데 까치가 들어와서 증식하면 생태계 질서에 교란이 일어난다. 까치로 인한 각종 농작물의 피해는 물론 그 지역에 서식하는 생물들, 특히 그 지역 고유종과 경쟁이 일어나 때로는 고유종의 멸종을 초래한다. 때문에 많은 나라에서는 외래종의 유입을 철저하게 방지하고 있다.

그러나 우리나라에서는 상대적으로 이와 같은 생태계 질서의 중요성을 등한시했고, 또한 몰지각한 자들에 의해 외국산 야생 동물이 마구 수입되어 현재 엄청난 피해를 일으키고 있다. 대표적인 몇 가지 예를 들면 다음과 같다.

황소개구리

황소개구리 : 몸길이 20센티미터, 무게 400그램 이상까지도 자라는 대형 개구리. 원산지는 미국 사우스캐롤라이나 주이다. 성질이 난폭하고 식욕이 왕성한 무서운 포식자이다. 곤충은 물론 각종 물고기, 개구리, 뱀 등 자기보다 체구가 작은 것은 닥치는 대로 잡아먹는다. 특히 한국산 토종 개구리를 잘 잡아먹으므로 황소개구리가 서식하는 곳에서는 토종 개구리가 거의 사라졌다.

블루길

블루길 : 원산지는 북미 동부 지방이며 몸길이 최대 30센티미터, 무게 450그램까지도 자라는 민물고기이다. 육식성이 강해 다른 물고기의 새끼를 마구 잡아먹으므로, 블루길이 있는 강이나 연못에서는 우리나라 토종 물고기가 거의 번식할 수 없어 대폭 감소하고 있다.

붉은귀거북

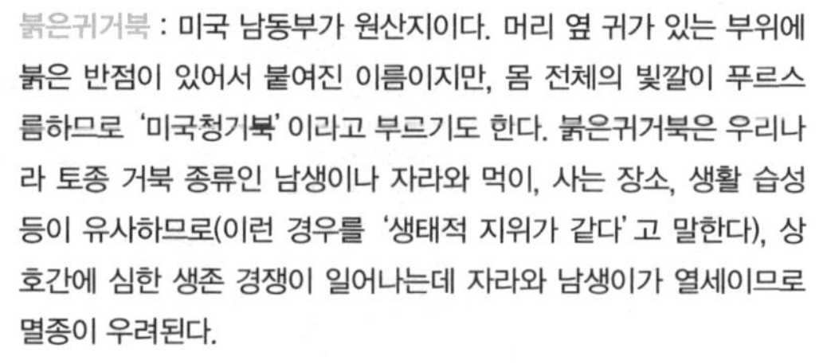

붉은귀거북 : 미국 남동부가 원산지이다. 머리 옆 귀가 있는 부위에 붉은 반점이 있어서 붙여진 이름이지만, 몸 전체의 빛깔이 푸르스름하므로 '미국청거북'이라고 부르기도 한다. 붉은귀거북은 우리나라 토종 거북 종류인 남생이나 자라와 먹이, 사는 장소, 생활 습성 등이 유사하므로(이런 경우를 '생태적 지위가 같다'고 말한다), 상호간에 심한 생존 경쟁이 일어나는데 자라와 남생이가 열세이므로 멸종이 우려된다.

큰입베스

큰입베스 : 보통 '베스'라는 이름으로 불리는 민물고기로, 몸길이 30~60센티미터인 것이 많으나 90센티미터 이상으로 자라는 것도 있다. 순육식성 어류로 다른 물고기를 닥치는 대로 잡아먹기 때문에 큰입베스가 서식하는 수계에서는 다른 물고기가 살아갈 수 없다고 한다. 큰 놈은 한 번에 알을 10만 개 이상 낳기 때문에 빠른 속도로 늘어나서 전국의 강과 호수 생태계를 심각하게 파괴하고 있다.

뉴트리아

뉴트리아 : 원산지는 남미 지역이며 몸길이 60~70센티미터 정도의 대형 설치류(쥐의 종류)이다. 강이나 호수 등 주로 늪지대에 서식하므로 '늪너구리' 또는 '물쥐'라고 부르는 사람도 있다. 물이 있는 곳에서 생활하며 강이나 호수의 둑에 굴을 파서 새끼를 낳는다. 먹이는 주로 수생 식물(물풀)이지만, 여러 채소 등 농작물을 먹기도 한다(특히 당근을 좋아한다). 최근 뉴트리아가 증가함에 따라 우리나라 희귀 수생 식물의 멸종이 우려된다.

자기 나라에서는 볼 수 없는 진기한 동물을 수입해 재미로 사육하거나 판매하여 수익을 보려는 욕심 때문에, 지금 이 순간에도 엄청나게 많은 야생 동물이 거래되고 있다. 우리나라만 해도 연간 5억 마리 이상의 각종 외국산 야생 동물을 수입하고 있다니 참으로 놀라운 일이다.

앞서 말한 황소개구리, 붉은귀거북, 큰입베스, 뉴트리아 등은 모두 국제적으로 지정한 '환경 파괴 동물'에 속한다. 이러한 외래 동물들이 수입될 당시에도 외국에서는 이들에 의한 피해 사례가 이미 잘 알려져 있었는데,

우리나라에서는 제대로 된 검토나 평가도 없이 더욱이 국가 기관이 위험한 동물들을 수입하기도 하여 잘못을 저질렀으니 한심한 일이 아닐 수 없다.

지금이라도 외국산 동식물은 물론, 국내 지역 간에도 외지의 동식물을 도입할 때는 엄정한 검토가 있어야 할 것이다. 아울러 환경 파괴 동식물을 함부로 수입하는 자는 엄하게 처벌하는 법도 제정해야 한다. 그리고 우리나라의 생태계에 많은 환경 파괴를 일으키고 있는 각종 외래 동식물에 대해서는 계속적인 연구를 통해 대책을 강구해야 할 것이다.

갈매기과에 속하는 새는 전 세계에 88종(189아종)이 있으며, 과는 다르지만 도둑갈매기과에 속하는 새 중에 갈매기라는 이름이 붙은 새도 4종이나 되는데 이들을 통틀어 갈매기라고 부르는 경우가 많다. ● 우리나라는 삼면이 바다이므로 바다물새인 갈매기류를 많이 볼 수 있어, 지금까지 갈매기과에 속하는 것 27종, 도둑갈매기과 3종, 아종까지 포함하면 총 33종류의 갈매기류가 기록되었다. ● 갈매기류는 주로 겨울철에 많이 볼 수 있는데 그것은 대부분의 종류가 철새이기 때문이다. 겨울철에 가장 많이 볼 수 있는 종류는 붉은부리갈매기, 재갈매기, 괭이갈매기, 갈매기이고 그 외 큰재갈매기, 세가락갈매기, 흰갈매기, 수리갈매기 등도 간혹 볼 수 있다. ● 곳에 따라서는 보호종인 검은부리갈매기와 고대갈매기도 드물게 볼 수 있다. 사철 언제나 볼 수 있는 것은 텃새인 괭이갈매기 한 종뿐이다.

갈매기

하나를 가르치면 하나는 알지

괭이갈매기

동물의 학습 행동

갈매기는 바닷가나 호수, 하구河口 등에서 흔히 볼 수 있지만, 특히 항구에 많다. 항구는 만남의 장소이기도 하지만 인생살이에서 주로 이별의 장소로 인식되기 때문에, 그곳에서 언제나 볼 수 있는 갈매기 역시 항구와 더불어 이별과 슬픔을 상징하기도 한다. 종류에 따라 차이는 있지만 갈매기류는 대부분 울음소리가 명랑하지 못하고 괴롭고 애절한 듯 들린다. 울음소리 때문에도 이 새가 슬픈 감정을 불러일으켰을 것이다.

갈매기는 멀리 떨어진 대양大洋에서는 잘 볼 수 없고, 주로 섬이나 육지와 가까운 연안에서 많이 볼 수 있는데 이는 먹이 때문이다. 갈매기의 먹이는 작은 물고기, 갑각류, 연체동물, 곤충, 동물의 죽은 시체 등인데 이와 같은 먹이는 대양에는 거의 없고 육지와 가까운 해안에 많으므로 자연히 먹이가 있는 곳에 살기 마련이다. 그래서 항해 중 배가 난파하여 구명정이나 판자 조각을 타고 정처 없이 표류하던 사람들이 갈매기를 발견하면, 멀지 않은 곳에 육지가 있다는 사실에 희망을 갖고 힘을 낸다고 한다.

항구에 갈매기가 많은 것 역시 먹이와 관계가 있다. 갈매기는 주로 작은 물고기를 잡아먹지만 각종 동물의 시체도 잘 뜯어 먹는다. 다른 물새들의 어린 새끼와 작은 쥐 같은 것을 잡아먹기도 하고, 사람이 버리는 음식물 찌꺼기도 잘 먹는 등 먹이를 가리지 않는 편이다.

근해에서 배를 타고 가면 여러 마리의 갈매기가 배를 뒤쫓아 오는 것을 종종 볼 수 있는데, 이는 배에서 버리는 음식물 찌꺼기를 얻어먹어 본 경험이 있기 때문이다. 이와 같이 동물들의 경험에 의한 행동을 '학습 행동' 이라 한다.

갈매기의 학습 행동 가운데 필자의 기억에서 잊히지 않는 것이 있다. 한국 전쟁이 휴전된 1953년 겨울에 필자는 어떤 연유로 강원도 간성에 있었는데, 몇 명의 어부들이 작은 배를 타고 TNT(폭약)를 터뜨려 물고기를 잡는 것을 목격했다(당시는 질서도 없고 법도 잘 지키지 않던 때였다). 바다에 던진 TNT가 폭발하면서 폭음과 함께 물기둥이 솟아오르자, 수백 마리의 갈매기가 모여들어 물 위에 뜨는 멸치 같은 작은 물고기를 잡아먹었다.

어부들의 말에 의하면 폭음 소리가 나면 멀리 있는 갈매기도 즉시 모여든다고 했다. 어느 정도의 경험이 쌓여서 나타나는 행동인지는 모르겠으나 폭음 소리가 나는 곳으로 가면 먹을 것이 있다는 것을 아는 학습 행동이다.

항구에는 사람이 버리는 음식물 찌꺼기 등 먹이가 흔하기 때문에 많은 갈매기들이 거의 상주한다. 항구뿐만 아니라 어선이 많이 드나드는 선착장이나 갯마을 부근의 바닷가 또는 음식점이 있는 해안과 해수욕장 등에서도 사람이 버리는 생선 부스러기 등을 주워 먹으려는 갈매기를 흔히 볼 수 있다.

인간에게 유익한 새

갈매기는 사람이 자신들을 해치지 않는다는 것을 알고 있으므로 사람을 거의 무서워하지 않는다. 동서양을 막론하고 사람들은 갈매기를 해치지 않으며 그 고기도 먹지 않는 편인데, 고기 맛도 없거니와 갈매기가 인간에게 유익한 새로 알려져 있기 때문이다.

갈매기를 해롭게 하면 다정한 사람과 헤어진다는 말도 있다. 또 유럽에서는 갈매기가 바다에서 조난을 당해 죽은 사람들의 영혼을 육지로 옮겨 준다는 등 여러 가지 미신이 있어, 갈매기를 죽이거나 해롭게 하는 사람이 거의 없다. 그래서 다른 새와는 달리 갈매기는 저절로 보호를 받는 셈인데, 이는 마치 〈흥부전〉의 영향 등으로 제비를 해치는 사람이 거의 없는 것과 비슷하다.

갈매기는 여러 곳의 해안이나 항구에서 음식물 찌꺼기 같은 쓰레기를 먹어서 말끔히 치워 주므로 '바다의 청소부' 라고도 한다. 그리고 어민들에게 고기가 몰려 있는 곳을 알려 주는 등 옛날부터 사람과 좋은 관계를 맺어 왔다.

지금은 어군 탐지기가 있어 물고기 떼가 있는 곳을 쉽게 찾을 수 있지만, 옛날 어부들은 바다에서 갈매기가 큰 무리를 이루고 있는 곳에 그물을 쳐서 물고기를 잡기도 했다.

갈매기는 멸치와 같은 작은 물고기를 먹으므로 작은 물고기 떼가 있는 곳에는 많이 모여든다. 갈매기뿐만 아니라 큰 물고기도 작은 물고기를 먹이로 하기 때문에 역시 작은 물고기 떼를 따라다닌다. 그래서 갈매기가 모여 있는 바다에 그물을 치면 작은 물고기는 물론 여러 가지 큰 물고기도 많이 잡을 수 있는 것이다.

갈매기에 관한 이야기 중에서도 갈매기가 인간에게 공헌한 특히 유명한 사례가 있다. 미국 서부 유타 주에는 '갈매기 기념비'라는 것이 있어 많은 관광객들의 눈길을 끈다. 이 비는 갈매기의 은덕을 칭송하기 위해 1913년에 건립되었다.

갈매기 기념비를 세우게 된 이야기는 이렇다. 1847년에 누리의 큰 떼가 엄습하여 유타 주의 농민들은 완전히 농사를 망칠지도 모르는 중대한 위기를 맞았다. 그런데 누리 떼를 막을 길이 없어서 다들 실의에 빠져 있을 때 예상치 못한 이변이 일어났다. 유타 주의 그레이트솔트 호와 콜로라도 강 등에 서식하는 수많은 갈매기들이 날아와 누리 떼를 모두 잡아먹음으로서 농작물을 지킬 수 있었던 농민들은 갈매기가 너무나 고마워 성금을 모아 비를 세웠는데, 이것이 유명한 갈매기 기념비이다.

누리 떼의 습격

'누리' 란 커다란 메뚜기 종류로 '풀무치' 의 일종이다. 누리는 유럽, 중앙아시아, 중국, 미국, 아프리카 등 세계 여러 곳에 널리 분포하며 간혹 엄청난 수로 불어나서 큰 피해를 주는 곤충이다.

누리가 크게 발생하여 대집단을 이루면 한곳에 머물지 않고 먹을 것을 찾아 멀리 이동하는데, 하루에 보통 160킬로미터 정도를 이동하며 때로는 대양을 건너 수백 킬로미터까지도 이동한다고 한다.

누리의 큰 무리는 수십 억 마리 이상이며 때로는 100억 마리를 넘는 경우도 있다 한다. 그러므로 이들이 한꺼번에 날아갈 때는 하늘을 온통 뒤덮은 듯 해를 가리어 사방이 어두워진다고 한다. 또한 땅에 내려앉으면 하루에 8만 톤 이상의 농작물을 먹어 치우기도 하는데, 각종 농작물은 물론 모든 풀까지도 뿌리만 남기고 깡그리 갉아먹어 단번에 400제곱킬로미터를 초토화시키기도 한다.

누리의 피해는 세계 도처에서 발생한다. 중국에서 누리의 피해로 인한 농민들의 참상은, 1938년 노벨 문학상 수상 작품인 펄 벅의 《대지》라는 소설에도 묘사되어 있다. 우리나라에서는 누리에 대한 상세한 기록이 거의 없지만, 조선 태종 때(1407년) 메뚜기 떼로 인한 흉년이라는 기록이 있는데 아마도 누리의 피해를 말한 것이 아닌가 싶다.

최근에는 1956년에 아프리카의 모로코에 누리떼가 엄습하여 농작물은 물론 대부분의 식물을 모두 갉아먹어 그곳 일대를 초토화시켰고, 1988년에는 아프리카의 많은 지역에서 누리가 대규모로 발생하여 거의 20개국에 막대한 손실을 입혔다. 아프리카에서는 지금도 누리가 기아의 원인이 되기도 한다.

누리의 피해를 황해蝗害 또는 황재蝗災라 하는데 비단 농사를 망칠 뿐만 아니라 여러 가지 재난을 일으키기도 한다. 철도가 있는 들판을 누리 떼가 덮쳤을 때는 철로를 겹겹으로 두껍게 덮어서 철로가 보이지 않으므로 기차가 탈선하기도 한다. 또 어쩌다가 비행기가 하늘에서 누리 떼를 만나면 이들에 휩싸여 기관 고장을 일으켜 추락 사고가 일어난다. 1960년대라고 기억하는데 누리 떼로 말미암아 지나가던 비행기가 세 대나 떨어졌다는 해외 토픽 뉴스가 있었다. 또한 누리 떼가 공항을 덮쳤을 때는 일시적으로 공항이 폐쇄되기도 한다.

아프리카의 모리타니 등에서는 누리 때문에 농사를 망쳐 수백만 명이 굶주리고 많은 가축들이 굶어 죽는 등 그 피해가 막심하므로 누리 퇴치를 위해 강력한 살충제를 대량으로 공중 살포하기도 한다. 하지만 이 경우 생태계의 파괴는 물론 농약에 의한 또 다른 피해도 크다. 한때는 누리를 죽이는 병균을 배양하여 살포하기도 했으나 별 효과를 보지 못했고, 최근에는 누리의 번식을 억제하는 유전 공학적인 구제 방법 등 누리의 피해를 방지하기 위해 동물학자들이 여러 연구를 하고 있다.

누리의 피해가 근래에는 주로 아프리카 지역에 집중되고 있으나 과거에는 로키 산맥 부근의 넓은 지역 등 북미 지역에도 피해가 많았다고 한다. 로키 산맥 일대에는 1875년에 큰 규모의 누리 떼가 출현했으나, 그 후로는 이상하게도 누리가 종적을 감추었으므로 약 130여 년 전에 이 지역의 누리는 멸종한 것으로 보인다. 그렇다면 로키 산맥 일대의 누리는 무엇 때문에 갑자기 사라졌을까? 그 원인을 밝힌다면 아프리카 지역의 누리에게도 같은 환경을 조성해 역시 멸종시킬 수 있지 않을까?

이와 같은 생각으로 동물학자들은 여러 가지 연구를 하고 있다. 로키 산맥의 누리가 멸종한 원인에 대해 어떤 학자는 아메리카들소의 감소 때문이라고 주장한다. 로키 산맥 일대에는 과거 수백만 마리의 들소가 살고 있었으나 무분별한 사냥으로 대량 포살당해 한때는 멸종 위기에 처하기도 했다. 어떤 조사에 의하면 1868~81년 사이에 300만 마리 이상의 들소를 남획했다고 한다.

넓은 평지에 수많은 들소가 풀을 뜯고 뛰어놀았을 때는 흙이 부드러워져서 누리의 산란 장소로 아주 적합했으나, 들소가 급감하자 산란 장소도 사라져서 이곳의 누리도 멸종했다는 것이다. 또 다른 학자는 로키 산맥 일대를 농부들이 너무 많이 개간해서 누리의 산란 장소가 없어진 것이 누리 멸종의 원인이라고 했다.

로키 산맥 누리의 멸종에 대해서는 여러 가지 설이 있으나 최근에는 그곳에 묻혀 있는 누리의 유체를 채취하여 DNA를 분석하는 등 활발한 연구를 통해 머지않아 원인이 밝혀질 것으로 기대하고 있으며, 이를 응용해 아프리카 누리도 퇴치할 수 있기를 바라고 있다.

우연이 만들어 낸 자연의 신비

동물학자들은 누리에 대한 연구를 하던 중 다음과 같은 재미있는 사실을 알게 되었다. 누리의 새끼를 사육통에 넣어 기르면서 밀도를 달리했더니 같은 종인데도 밀도의 차이에 따라 누리의 형질形質에 많은 변화가 일어났다.

즉 같은 크기의 사육통에 누리의 새끼를 더 많이 넣을수록(밀도가 높은 사육통) 밀도가 낮은 사육통에서 자라난 누리에 비해 몸이 더욱 커지고 날개도 훨씬 길며 또한 성질이 사나워져서 자꾸만 뛰어나가려 했다는 것이다. 동물학자들은 밀도가 낮은 사육통에서 자라난 날개가 짧고 성질이 온순한 것을 고독형孤獨型이라 하고, 밀도가 높은 곳에서 자라난 날개가 크고 성질이 사나운 것을 군집형群集型이라 불렀다.

모든 생활 조건(환경)을 똑같이 하고 다만 개체 수의 차이 즉 밀도만 다르게 했는데, 같은 종임에도 불구하고 고독형과 군집형은 형질에 큰 차이가 나타난 것이다. 그렇다면 군집형으로 변하는 원인은 무엇일까?

최근의 연구에 의하면 누리의 뒷다리를 많이 자극하면 그 자극이 뇌로 전달되어, 일종의 호르몬을 분비케 하여 날개가 길어지고 무리를 이루려는 성질로 변화시킨다는 것이 밝혀졌다. 즉 밀도가 높을수록 서로 몸을 부딪혀 뒷다리를 많이 자극하게 되는 것이다. 또 큰 무리를 이룬 누리는 몸빛이 분홍색을 띠게 되면서 이동을 시작한다는 것도 밝혀졌다.

자연계에서 동물의 번식 현상을 보면 곤충류, 성게류, 물고기류와 같은 동물은 알을 많이 낳지만, 자연에서는 모든 알이 부화되어 다 자라는 것이 아니라 일부만 부화되고 그중에서도 극히 소수만이 자라나서 종족을 유지한다. 예컨대 바다에 사는 성게는 한 마리가 일생 동안에 5억 개의 알을 낳으며, 한 마리의 대구가 한 배에 낳는 알의 수는 300만~500만 개라고 하므로 이 알이 다 부화되어 모두 성장한다면 수년 후에는 바다가 성게와 대구로 메워질 것이다. 그렇지만 자연계는 어떤 생물이든 수용할 수 있는 한도가 있다.

누리도 마찬가지로 많은 알을 낳지만 그중 일부만 부화하고 소수만이 성장한다. 그런데 어떤 해에 우연히 기후, 먹이, 천적과의 관계 등 여러 환경 조건이 누리의 발생에 대단히 적합하여 알들이 거의 다 부화되고 모두 성장하는 경우, 누리는 그 수가 극도로 증가하여 소위 군집형으로 변한다. 결국 먹이가 부족하므로 많은 누리들은 먹을 것을 찾아 어디론가 이동하게 된다. 그리고 멀리 이동하려면 날개가 크고 튼튼해야 하므로 군집형은 고독형과 다른 체질을 갖게 마련인데, 일종의 적응이라고 해야 할지 아무튼 자연의 신비로움을 보여 주는 현상이다.

갈매기들이 일제히 같은 방향을 보는 이유

해변의 모래밭에 떼 지어 앉아 있는 갈매기들이 일제히 같은 방향을 바라보고 있는 모습을 종종 볼 수 있다. 어떤 시인은 갈매기들이 모두 지는 해를 바라보며 석양의 아름다움을 감상하고 있는 것 같다고 했다. 그러나 갈매기들이 일제히 같은 방향으로 몸을 돌리는 것은 일종의 주성走性 때문이다.

주성 또는 추성趨性이란 동물이 외부의 어떤 자극에 대하여 일정한 방향으로 쏠리는 성질을 말한다. 빛에 대한 주성을 주광성走光性이라 하고 중력에 대한 주성을 주지성走地性, 온도에 대한 주성을 주열성走熱性, 전류에 대한 주성을 주전성走電性, 흐름에 대한 주성을 주류성走流性이라 한다.

예를 들면 밤에 나방이 불빛이 오는 방향으로 날아드는 것은 양성 주광성 때문이며, 지렁이는 빛이 오는 반대쪽으로 몸을 피하는데 이는 음성 주광성이라 한다. 또 물고기가 물의 흐름을 거슬러 헤엄치는 성질을 주류성이라 한다.

갈매기는 바람이 불어오는 쪽으로 머리를 향하는데 이 역시 주류성의 일종이지만, 특히 공기의 흐름에 대한 주성을 주풍성走風性이라 한다. 갈매기는 물론 대부분의 새들은 양성 주풍성을 나타낸다. 앞에서 말한 갈매기들이 모두 지는 해를 바라보고 있는 것은 석양과는 무관하며, 서쪽에서 바람이 불어오고 있었기 때문이다.

새가 바람이 불어오는 쪽으로 머리를 향하는 것은 자연스러운 행동이다. 만약 바람을 등지고 있다면 깃털이 흐트러지고 깃털 속으로 찬바람이 스며들어 체온 유지도 곤란할 것이다.

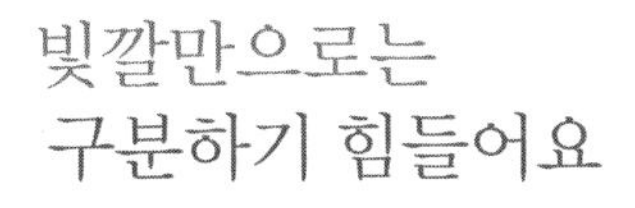

빛깔만으로는 구분하기 힘들어요

갈매기류는 주로 겨울철에 많이 볼 수 있는데 그것은 대부분의 종류가 철새(겨울새)이기 때문이다. 겨울철 가장 많이 볼 수 있는 종류는 붉은부리갈매기, 재갈매기, 괭이갈매기, 갈매기이고 그 외 큰재갈매기, 세가락갈매기, 흰갈매기, 수리갈매기 등도 간혹 볼 수 있다. 곳에 따라서는 보호종인 검은부리갈매기와 고대갈매기도 드물게 볼 수 있다.

이들 갈매기류는 거의 모두 몸빛이 비슷하여 빛깔만으로는 야외에서 종류를 구분하기 어렵다. 대부분의 갈매기류는 색깔의 짙고 옅은 차이는 있으나 몸 윗면은 거의 청회색이고 몸 아랫면은 모두 흰색이므로 전문가들은 부리와 발의 빛깔 및 모양, 날개 끝의 무늬와 꼬리의 모양과 빛깔 등으로 종류를 구분한다.

그리고 같은 종이라도 번식기(봄, 여름)와 비번식기(가을, 겨울)의 계절에 따라 빛깔이 변하는 것도 있고, 나이에 따라서도 빛깔이 다르다. 예를 들면 붉은부리갈매기, 검은부리갈매기, 고대갈매기 등은 비번식기인 가을과 겨울철에는 머리가 흰색이지만 번식기가 되면 검은 복면을 한 것처럼 머리 부분이 까맣게 변한다. 또 어린 것은 꼬리에 검은 띠무늬가 있으나 성숙하면 꼬리가 순백색으로 된다.

갈매기류의 무리 중에는 얼룩무늬가 많고 몸 전체가 황갈색 또는 흑갈색으로 검게 보이는 놈들이 섞여 있는데 이것들은 어린 새幼鳥이다. 갈매기류의 어린 새는 대부분 몸 전체에 갈색 또는 흑갈색의 무늬가 많다. 괭이갈매기, 재갈매기 등 비교적 몸이 큰 종류는 새끼의 빛깔이 어미와 완전히 같아지는 데 약 4년이 걸린다.

한국에서 기록된 많은 갈매기류 중 우리나라에서 번식하는 종류는 괭이갈매기와 쇠제비갈매기이며, 사철 언제나 볼 수 있는 것은 텃새인 괭이갈매기 한 종뿐이다. 괭이갈매기라는 이름은 울음소리가 고양이(괭이)를 닮았다고 하여 붙여진 이름이며, 쇠제비갈매기는 생김새가 제비를 닮은 작은 갈매기라는 뜻이다.

갈매기류는 대부분 집단 번식을 한다. 괭이갈매기는 무인고도와 같은 멀리 떨어진 섬에서 많이 번식한다. 독도나 홍도, 난도와 같은 섬에는 5~6월 수천 마리의 괭이갈매기가 모여들어 각기 짝을 이루고 산란, 번식 한다. 그리고 쇠제비갈매기는 4월 중하순경 우리나라에 날아와서 무인도나 삼각주 등의 연안 모래밭에서 산란, 번식한다.

5~6월 낙동강 하구의 삼각주 모래밭에는 과거 수천 마리의 쇠제비갈매기가 집단으로 번식했으나 그 수가 점점 감소하고 있다. 1960년대까지는 낙동강 하구 여러 삼각주의 모래밭 거의 전면에 쇠제비갈매기의 둥지가 있어 함부로 걸어 다니기 어려울 정도였다. 그러나 환경 변화 특히 갈대와 각종 잡초의 천이(일정 지역의 식물 종 구성이 시간이 지나면서 변화하는 현상) 확산으로 산란 장소인 모래밭이 없어짐에 따라, 지금은 옛날과는 비교가 안 될 만큼 이곳에서 번식하는 쇠제비갈매기의 수가 줄어들었다.

번식을 끝낸 후 쇠제비갈매기는 8월 말부터 9월경 주로 동남아시아 지역으로 날아가서 월동하고 다음해 봄철에 다시 돌아온다. 우리나라에서 번식하는 갈매기류는 텃새인 괭이갈매기와 여름새인 쇠제비갈매기뿐이었으나 수년 전 경기도 시화호에서 상당수의 검은부리갈매기가 산란했고, 최근에는 영종도와 송도 등에서도 검은부리갈매기가 번식하고 있다.

쇠제비갈매기

검은부리갈매기는 원래 중국 동북부 내륙의 늪과 호수 주변에서 번식하여 겨울철에 우리나라에 도래하는 철새였으나 이상과 같은 번식지의 변화는 학계의 많은 관심을 모으고 있다.

기러기는 분류상으로 기러기목 오리과에 속하는 물새이다. 한국에서 기록된 기러기류는 기러기(쇠기러기), 큰기러기, 쇠기러기(흰이마기러기), 흰기러기, 회색기러기, 흑기러기, 개리, 캐나다기리기 등 10종(12아종)이다. • 한국에서는 겨울철에만 볼 수 있는데 기러기(쇠기러기)와 큰기러기가 가장 많고, 개리, 흑기러기, 흰기러기는 드물게 볼 수 있으며 그 외는 보기 어려운 길잃은새迷鳥이다. 기러기류는 거의 모두 유라시아 대륙의 북쪽, 시베리아, 북아메리카, 그린란드 등 북극권 주변에서 번식하여, 가을 또는 초겨울에 남쪽으로 이동하여 월동한다. • 기러기류는 모두 발가락 사이에 물갈퀴가 있어 헤엄을 잘 칠 수 있으며, 목이 길고 부리는 오리처럼 넓적하고 편평하다.

기러기

모든 새는 평등하다, 가족은 빼고

기러기(쇠기러기)

그리움과
인고의 상징

기러기라는 새는 시가에도 많이 등장하고, 여러 가지 의미의 성어도 많다. 기러기는 한자로 안雁이라 쓰며 또 삭금朔禽, 신금信禽, 양조陽鳥, 홍鴻, 대안자大雁子 등의 별명도 있는데, 이중 홍과 대안자는 몸이 큰 대형 기러기 즉 '큰기러기'를 말한다.

기러기라는 이름은 이 새의 울음소리에서 따온 의성어이다. 헌데 기러기라는 이름은 정확히 말하자면 분류상으로 한 종의 이름이 아닌, 소위 기러기류의 통칭이다.

보통 사람들이 '기러기'라고 할 때는 가장 흔하게 많이 볼 수 있는 기러기(쇠기러기)와 큰기러기를 말하는 경우가 많다. 기러기와 큰기러기는 서로 다른 종이지만 생김새가 매우 닮았으므로 야외에서 보면 아주 비슷하여 전문가가 아니면 구별하기 어려울 정도이다.

기러기는 울음소리가 처량하게 들린다. '끼이익— 끼이— 익 끼억억— 끼어— 억' 또는 '끼— 럭 끼러— 럭' 하는 듯 우는 소리가 무엇을 호소하는 것처럼 들리기도 한다.

겨울철 쓸쓸한 저녁 하늘을 줄지어 멀리 날아가는 것을 보면, 객지에서 부모 형제나 님을 그리워하는 사람에게는 날아가는 기러기를 통해서나마 자기의 애틋한 마음을 전하고 싶게 한다.

그래서 먼 곳에 소식을 전하는 편지를 안신雁信, 안서雁書, 안찰雁札, 안백雁帛이라고 하며, 편지로 전하는 안부(소식)를 안시雁使라 하는데 이는 옛날 한漢나라의 소무라는 사람이 흉노의 땅에서 명주에 쓴 편지를 기러기의 발에 묶어 임금에게 보냈다는 고사에서 유래한 말이라 한다.

전통 혼례에 앞서 신랑이 기러기(보통은 나무로 만든 기러기)를 붉은 비단 보자기에 싸서 신부의 집에 가지고 가서 상 위에 놓고 절을 하는 풍습이 있는데, 이 예법을 전안례奠雁禮라 한다.

기러기는 다른 동물과는 달리 암수가 짝을 지으면 일생 동안 부부 관계를 유지하고 한쪽이 죽으면 따라 죽는다는 등 부부 관계가 매우 좋으며, 또 모진 추위도 잘 견디므로 인고忍苦의 상징으로도 잘 알려져 있다. 전안례는 기러기처럼 다정하고 어떠한 어려움이 닥쳐도 극복하는 성실한 부부가 되겠다는 일종의 서약이다.

그런데 기러기, 고니, 신천옹 등 대형 조류 중에는 짝을 지으면 수년 동안 부부 관계를 유지하는 것이 있지만 반드시 그런 것은 아니고, 한쪽이 죽으면 따라 죽는다는 것도 기러기를 미화하기 위한 거짓말이다.

앞에서 날면 대장 기러기?

기러기들이 나는 모습을 안영雁影이라 한다. 기러기가 무리를 지어 하늘 높이 날아가는 것(안영)을 보면 반드시 일정한 질서가 있는데 이를 안서雁序라 하며, 날 때 짓는 행렬을 안항雁行이라 한다.

남의 형제를 높여 부를 때 안항이라고 하는데, 이는 기러기가 날아갈 때의 서열 즉 안서처럼 질서를 지키는 형제라는 뜻이다. 또 기러기는 무리 중 한 마리가 병들거나 부상을 당하면 나을 때까지 몇 마리(형제)가 돌보아 준다는 말이 있어(실제는 그렇지 않으나) 기러기처럼 우애가 있는 형제라는 뜻의 존칭어이다.

그리고 기러기가 날 때 이루는 행렬 즉 안항을 안진雁陣이라고도 하는데 이는 전쟁 시에 기러기의 행렬을 본떠 진을 치는 모습에서 생긴 말이다. 임진왜란 당시 이순신 장군도 해전에서 종종 안진을 썼다고 한다.

기러기의 행렬 즉 안항을 보면 ㄱ자 ㅅ자 또는 1자 모양을 만들어 날아가는데, 이를 보고 혹자는 말하기를 행렬 중에서 맨 앞서 날아가는 놈은 나이 많고 경험이 있는 대장이며, 이 우두머리가 방향을 잡고 길을 안내하면 다른 놈들은 뒤따라서 행동한다고 말한다.

그리고 무리 중의 우두머리 기러기는 이동할 때 작은 나뭇가

© 강승구

기러기가 날 때 이루는 행렬인 안항

지를 입에 물고 날다가 먹이를 취할 장소나 휴식 장소를 찾아서 내려앉을 때, 먼저 물고 있던 나뭇가지를 떨어뜨려 사람이 쳐 놓은 그물이 있나 없나 확인한다고 한다. 떨어뜨린 나뭇가지가 그물에 걸리는지 안 걸리는지 확인하여 안전을 기한다는 것이다.

비슷한 말로 제비가 큰 바다를 건너 멀리 강남으로 이동할 때, 나뭇가지를 물고 날아가다가 고단할 때는 바닷물에 나뭇가지를 띄우고 그 위에 앉아 지친 몸을 쉰다는 말도 있다. 기러기나 제비의 지능이 이 정도라면 우둔한 사람의 지능보다 나은 것 같다.

그러나 이와 같은 말들은 사실이 아니며 사람들이 지어낸 것이다. 제비가 바다를 건널 때 나뭇가지를 물고 난다거나 기러기의 우두머리가 나뭇가지를 물고 가다가 사람이 쳐 놓은 그물이 있나 없나 확인한다는 것은 사실과 다를 뿐만 아니라, 기러기 무리 중에는 대장이나 우두머리가 없다.

고니류와 기러기류 및 두루미류 등 큰 새들은 새끼가 다 자란 후에도 상당 기간 가족이 함께 행동하는 것을 볼 수 있는데, 이와 같은 가족군家族群의 소집단에서는 새끼들이 어미 새의 행동을 보고 따라 배우는 소위 학습 행동을 한다. 하지만 그 외 새들의 집단에서는 우두머리가 없다.

그리고 기러기 무리가 날아갈 때 ㅅ자나 1자 모양의 행렬을 짓는 것은 날아가는 데 필요한 에너지를 절약하기 위해서이며, 앞장서는 놈이 우두머리는 아니다. 날아갈 때 행렬을 짓는 것은 앞서 나는 새가 날개를 칠 때 흘러나오는 기류氣流를 뒤따르는 새가 이용하는 것으로, 이는 비상역학飛翔力學적으로 에너지를 절약할 수 있어 힘이 덜 들기 때문에 기러기가 본능적으로 그와 같은 행동(안항)을 취한다고 하겠다.

이상과 같은 사실이 밝혀져 있음에도 날아갈 때 행렬의 맨 앞에 가는 놈이 피곤할 때 다른 놈과 교대를 한다거나, 날아가면서 '끼이럭 끼이럭' 하고 우는 것이 서로 '힘내라' 하면서 격려하는 소리라는 등 근거 없는 말을 하는 사람이 아직도 더러 있다.

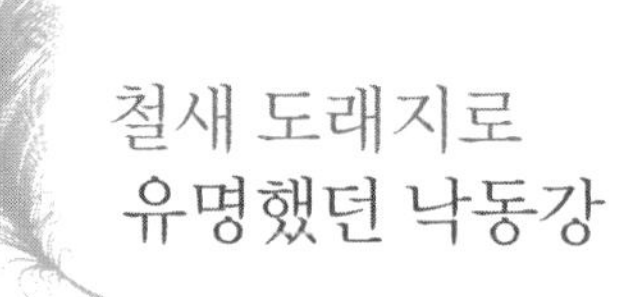

철새 도래지로 유명했던 낙동강

기러기류는 한국에서는 겨울철에만 볼 수 있는데 기러기(쇠기러기)와 큰기러기가 가장 많고 개리, 흑기러기, 흰기러기는 드물게 볼 수 있으며 그 외는 보기 어려운 길잃은새迷鳥이다.

기러기류는 거의 모두 유라시아 대륙의 북쪽 시베리아, 북미, 그린란드 등 북극권 주변에서 번식하여 가을철 또는 초겨울에 남쪽으로 이동하여 월동한다.

기러기가 하늘 높이 날아가는 것을 멀리서 보면 별로 크게 보이지 않으나 작은 종류라도 몸길이가 60센티미터 이상이며 날개를 편 길이는 1미터를 넘는다.

가장 흔하게 볼 수 있는 기러기는 몸길이가 80센티미터 정도이고, 큰기러기는 약 90센티미터며, 양 날개를 펴면 1미터 50센티미터 정도나 된다. 개리는 몸길이가 90센티미터 이상 되는 기러기류 중에서는 큰 종류인데, 집에서 흔히 사육하는 거위(중국거위)의 조상이다. 지금 키우는 거위는 야생의 개리를 개량한 것이다. 그리고 최근 흔히 사육하는 마스코비는 멕시코, 우루과이, 브라질 등 남미 원산의 기러기류를 가금화한 것이다.

지금은 겨울철이 되어도 기러기의 큰 무리를 보기 어려우나 1960년대까지만 해도 겨울철 큰 강변의 습지나 넓은 들판의 논밭

기러기(쇠기러기)
큰기러기
개리
흑기러기
흰기러기

에는 수천 수만 마리의 기러기와 큰기러기의 대집단을 쉽게 볼 수 있었다. 특히 낙동강 하류에는 옛날부터 기러기를 비롯한 각종 오리 떼가 많기로 유명한 철새 도래지였다.

강의 수면과 강변의 벌판은 기러기 등의 새 떼로 뒤덮였으므로 낙동강 하류 일원에는 기러기雁나 새鳥라는 글자가 들어가는 지명이 더러 있다.

현재 경상남도 김해시 대동면 초정리에 안막雁幕이라는 마을이 있다. 이곳은 원래 '기우막'이라 했다. '기우'란 거위 또는 기러기의 경상도 사투리이다. 옛날에는 기우막 즉 기러기막이라 했으나 일제 강점기에 우리말을 없애고 한자 표기를 하면서 안막이라 부르게 되었다는 것이다.

기우막 즉 안막이라는 곳은 낙동강 하류에 접한 곳으로 옛날에는 넓은 습지였는데, 여러 곳이 논밭으로 개간된 이후에도 겨울철만 되면 수많은 기러기 떼가 날아와서 보리, 시금치, 배추 등 심어 둔 농작물을 마구 뜯어 먹어 그 피해가 막심하므로 농민들은 기러기 떼를 쫓기 위해 곳곳에 농막農幕을 지었다. 즉 안막(기우막, 기러기막)이라는 지명은 기러기를 쫓기 위해 농막을 많이 지어 놓은 곳이라는 뜻에서 붙여진 지명이라 한다.

안막이라는 곳에서 조금 떨어진 곳에 조눌리鳥訥里라는 마을이 있다(안막과 조눌리는 현재도 그대로 사용하는 지명임). 조눌리라는 곳도 원래는 '새누리 마을' 또는 '새널이 마을'이라 했으나 역시 일제 강점기에 한자 표기를 하면서 조눌리로 부르게 되었다고 한다.

'새누리'란 새가 너무 많아서 '새들의 세상'이라는 뜻이며, '새널이'란 옛말로 '새가 폐를 끼친다' 또는 '새가 귀찮게 한다'는 뜻이라 한다. 겨울만 되면 기러기를 비롯한 각종 오리류 등의 새가 너무 많아서 '새가 판을 치는 곳'이라는 것이다.

좌우간 기우막(안막)이라든가 새누리 마을(조눌리)이라는 지명은 기러기를 비롯하여 새가 너무 많았으므로 그러한 뜻에서 지어진 지명이다.

낙동강 하구에는 크고 작은 삼각주가 많지만 대표적인 큰 삼각주가 유명한 을숙도乙淑島이다. '을숙'이란 언뜻 여인의 이름처럼 여겨지므로 한때 모 작가는 을숙도가 옛날에 을숙이라는 이름을 가진 한 소녀의 슬픈 사연에서 유래한 지명이라 생각하고, 낙동강 하류 지역 여러 곳을 찾아다니며 을숙도라는 지명의 내력에 대해 수소문하고 다방면으로 을숙도라는 지명의 유래를 추적하기도 했다.

필자도 한때 이와 비슷한 생각을 한 적이 있었으나, 을숙도라는 지명은 '새乙가 많은 맑고 아름다운淑 섬島'라는 뜻에서 붙여진 것임을 알게 되었다.

기러기 사냥꾼의 오해

옛날에는 기러기를 잡기 위해 겨울철에 기러기가 많이 날아드는 큰 강변의 논이나 보리밭 등에 올무를 놓기도 하고, 활이나 총으로도 잡았다 하는데 워낙 그 수가 많았으므로 쉽게 잡을 수 있었을 것이다.

오래된 일이지만 필자가 아는 사냥꾼 중에 겨울철만 되면 기러기를 잘 잡는 사람이 있었다. 그 사냥꾼의 말에 의하면 기러기는 대단히 영리하고 눈치가 빨라 총을 쏘기 위해 유효 사정거리까지 접근하기가 매우 어렵다고 했다. 사냥꾼의 말에 의하면 기러기 무리 중에는 반드시 파수꾼이 있어 다른 놈들이 정신없이 먹이를 먹고 있을 때나 마음 놓고 쉬고 있을 때도 항상 주변을 살피다가 사냥꾼이 접근하는 등 위험을 느끼면 즉시 경계하라는 소리를 질러 모두 일제히 날아간다고 했다.

또한 기러기는 포수와 농부를 용하게 식별하는 능력도 있어 농부는 가까이 접근해도 경계심을 갖지 않으나 포수는 상당히 멀리 있어도 즉시 날아간다고 했다. 그런데 과연 기러기는 무리 중에 파수꾼이 있으며, 포수와 농부를 구분할 수 있는 것일까?

기러기류 중에는 봄철에 짝을 이루어 번식할 때 암컷이 둥지를 만들고 알을 낳아서 품는 동안 수컷은 멀리 가지 않고 가까운 곳에서 지내면서 위험을 느끼면 경계 소리를 내는 것이 있다고 한다. 그러나 앞에서도 말했지만 기러기 무리 중에는 우두머리가 없고 무리를 지키는 파수꾼도 없으며 포수와 농부를 식별하는 능력도 사실상 없다.

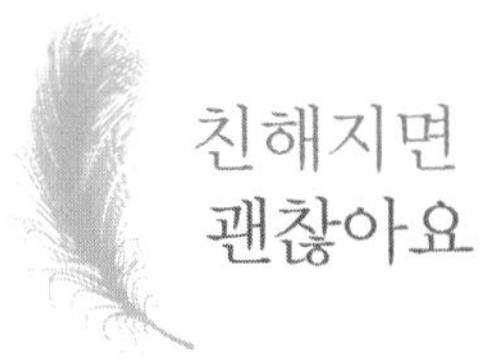

친해지면 괜찮아요

기러기뿐만 아니라 여러 동물은 무리를 이루고 있는 것이 유리할 때가 많다. 매나 수리 같이 다른 새를 잡아먹는 포식자인 맹금류도 홀로 있는 먹잇감은 잘 습격하지만 무리를 지어 있을 때는 거의 공격하지 않는 습성이 있으므로, 기러기뿐만 아니라 피식자인 여러 종류의 새들은 매나 수리가 나타나면 방위를 위해서 무리를 이루는 경우가 많다.

그리고 기러기 무리 중에 파수꾼이 있는 것이 아니라, 무리를 이루면 살피는 눈이 많기 때문에 외적을 빨리 발견할 수 있어 어느 놈이든 먼저 이상한 것을 발견하고 경계 소리를 내어 모두 달아나는 것이다.

기러기가 포수와 농부를 식별한다는 말이 왜 생겨났는지에 대해 생각해 보자. 대부분의 야생 동물이 가장 두려워하는 것은 사람과 긴 막대기라 하겠다. 필자의 경험에 의하면 야외에서 새를 관찰하기 위해 접근할 때, 자동차를 타고 있을 때는 상당히 가까이 접근해도 겁을 내지 않으나 차에서 사람이 내리면 즉시 달아났다. 그들은 오랜 경험을 통해 사람은 위험하다는 것을 알고 있는 것이다. 특히 총이나 카메라의 삼각대 등 막대기 같은 것을 보면 더욱 겁을 내는 것을 많이 보았다.

동물의 행동에는 본능적인 것과 경험으로 얻어지는 학습에 의한 것이 있다. 그리고 고등 동물일수록 학습에 의한 행동이 많다. 기러기 무리 중에는 농부나 소는 자신에게 위험하지 않으나 포수 차림과 막대기(총)는 자신에게 위험하다는 것을 경험으로써 알고 있는 놈이 있을 것이다. 그래서 이를 알고 있는 놈이 포수 차림의 사람을 보면 경계 소리를 내어 무리 모두가 달아나는 경우가 있을 수 있다.

우리나라에서는 대부분의 야생 조류가 사람을 무서워하지만 외국에서는 공원의 숲에 사는 작은 새들과 연못의 각종 오리류가 사람이 던져 주는 먹이를 먹으려고 사람에게 다가오며, 심지어는 먹이를 먹기 위해 사람의 어깨나 손에 앉는 작은 새들도 흔히 볼 수 있다. 이와 같은 행동은 사람이 자신에게 해롭지 않고 유익하다는 것을 경험으로 알고 있기 때문이다.

우리나라에서도 새를 해롭게 하지 않는다면 언젠가는 기러기를 비롯한 많은 새들이 사람을 무서워하지 않고 사람과 가까이 지낼 수 있는 날이 올 것이다. 수년 전의 일이지만 어느 절에서 스님이 방문만 열면, 상 위에 놓아둔 땅콩이나 잣, 호두 등 맛있는 먹이를 먹으려고 여러 마리의 박새와 곤줄박이가 날아온다는 말을 들은 적이 있다. 그리고 이와 같은 학습 행동이 일어나기까지는 꽤 많은 시간이 필요했다고 했다.

제비는 사람을 무서워하지 않는데 그것은 제비를 해롭게 하는 사람이 없으므로 우리들 가까이에서 살고 있는 것이다. 사람과 친숙해질 수 있는 가능성은 동물의 종류에 따라 차이가 있지만, 야생 동물을 해지지 않고 오랫동안 꾸준히 사랑하면 거의 대부분의 동물은 사람을 따르게 된다.

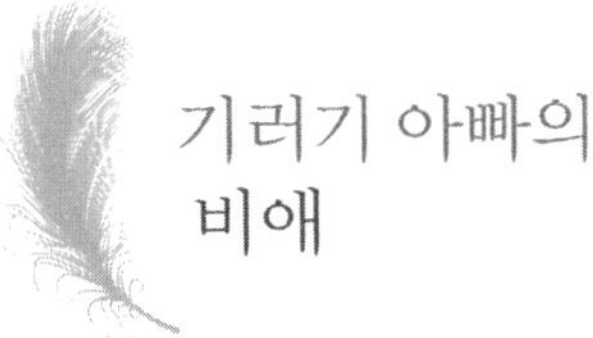

기러기 아빠의 비애

우리 속담에 '기러기도 백년의 수壽를 가진다' 는 말이 있다. '천한 새도 그만큼 오래 사는 것이니 얕보고 함부로 굴면 안 된다' 는 뜻이다(기러기의 수명은 100년이 아니고 30년 미만이라 한다).

헌데 왜 하필이면 기러기를 천한 새, 오래 사는 새로 취급했는지 알 수 없으나, 옛날에 기러기가 워낙 많았고 농사에도 피해를 많이 주었으므로 좋지 않은 미운 새, 천한 새로 본 것 같으며 기러기가 언제나 많으며 몸이 크므로 오래도록 사는 새로 잘못 보았을 것이다.

가야금이나 거문고 등 현악기의 줄을 고르는 제구를 '기러기발' 즉 안주雁柱 또는 안족雁足이라 부르는 것은 그 도구의 생김새가 기러기발(오리발)을 닮았기에 붙인 이름이겠지만, 산닥나무의 껍질로 만든 종이를 '안피지雁皮紙'라 부르는 것은 이해가 되지 않는다. 산닥나무 껍질(빛깔과 무늬)이 기러기의 피부(또는 깃털의 빛깔과 무늬)와 닮았는지 모르겠으나 안피지라고 부르는 확실한 이유를 알 수 없다.

주로 다리에 나는 부스럼으로 한방漢方에서 안창雁瘡이라 하는 것이 있다. '안창'이란 '기러기 부스럼'이라는 뜻인데 이 병명의 유래는 해마다 철새인 기러기가 올 때쯤의 겨울에 발병하여 기러기가 날아갈 때쯤의 봄이 되면 병이 낫는다고 하여 붙여진 것이라 한다.

1970년대로 기억하는데 〈기러기 아빠〉라는 제목의 영화가 있었다. 헌데 요즘 '기러기 아빠'라는 말이 유행하고 있다. 자식의 장래를 위해 조기 유학이 좋다고 하니까, 가족을 모두 외국에 이주시켜 놓고 가장은 국내에서 열심히 돈을 벌어 보내 주며 일 년에 한두 번씩 잠깐 가족이 있는 외국에 다녀오는 사람을 두고 '기러기 아빠'라 한다는 것이다. 그런데 이 기러기 아빠 노릇을 하다가 건강을 해치고 병든 사람도 적지 않다고 한다.

원래 우리나라 전통 혼례에서 신랑이 신부 집에 기러기를 전할 때 나오는 기럭아범과 자식의 출세를 위해 돈을 싸들고 가는 오늘날의 아버지가 비슷하다는 점에서 생긴 말인지도 모르겠다. 기러기 아빠의 자식이 반드시 훌륭한 인재가 되는 것도 아니고 출세하는 것도 아닌데, 기러기 아빠 생활 때문에 종종 건강을 해치기도 하고 가정 파탄이 일어난다고도 하니 안타까운 일이다.

원앙이

원앙은 분류상으로 기러기목 오리과에 속하는 물새이다. 오리과의 새 중에는 깃털 빛깔이 고운 것이 많지만 원앙 수컷의 빛깔은 그중에서도 빼어나게 아름다워 속담이나 옛 시가에 많이 등장한다. ● 특히 수컷은 셋째 줄 날개깃 하나가 붉은 오렌지색의 은행잎 모양으로 변하여 위쪽으로 솟아 있고, 뒷머리에 길게 자란 아름다운 관깃이 특징이다. 암컷은 관깃이 없고 등과 가슴 및 겨드랑이는 회갈색에 검은 무늬가 있으며 배는 흰색이다. 수컷의 비생식깃털(6~9월)은 은행잎 모양의 깃털이 없고 암컷과 비슷하나 부리가 붉은색이므로 암컷과 구분할 수 있다. ● 원앙은 한국, 일본, 중국, 사할린, 아무르, 우수리 등에 분포하며, 한국에는 전국적으로 서식하는 텃새이다. 고목의 구멍 속에 둥지를 만들어 산란, 번식한다. 수중 곤충, 작은 물고기 등을 잡아먹으며 육상에서는 특히 도토리, 상수리 등을 즐겨 먹는다.

다정한 부부의 상징

유난히 금실琴瑟이 좋은 부부를 '원앙 부부' 또는 '잉꼬부부' 라고 한다. 잉꼬鸚哥란 앵무새류의 잉꼬과에 속하는 새의 종류이며 '사랑새' 라고도 하는데, 원래 중국어인 '잉끄' 를 일본 사람들이 정확한 발음 글자로 표기할 수 없어 일본어로 '잉꼬' 라고 표기한 것에서 와전된 발음이다. 신혼부부가 덮는 이불에 원앙이의 그림을 수놓아서 이를 원앙금鴛鴦衾이라 하며, 부부가 함께 베는 베개에도 원앙이의 수를 놓아서 원앙침鴛鴦枕이라 한다. 원앙금침은 부부가 한 쌍의 원앙처럼 서로 정답고 화목하게 살라는 뜻이 담겨 있다.

남녀 두 사람이 다정한 율동으로 추는 춤을 원앙춤鴛鴦舞이라 하며, 부부가 서로 화락함을 비유하여 원앙지계鴛鴦之契라 하고, 서로 부부가 되어 화락하게 지내는 행복한 생활을 그리는 꿈을 원앙꿈鴛鴦夢이라고 한다. 이와 같이 원앙이는 다정한 부부의 상징으로 알려져 있다.

새 중에는 수컷과 암컷의 빛깔에 차이가 있는 것이 많은데, 꿩이나 공작, 원앙이처럼 암수의 빛깔이나 모양이 전혀 다른 것을 자웅이형雌雄異型이라 하고, 까마귀, 까치, 고니처럼 암수의 빛깔이나 모양이 같은 것을 자웅동형雌雄同型이라 한다. 자웅이형의 새들을 보면 암컷은 대체로 수수한 빛깔이지만 수컷은 매우 아름답고 찬란하다(일처다부형의 번식을 하는 새는 반대로 암컷이 아름답고 수컷은 수수한 빛깔인 것이 많다).

수컷이 아름다운 것은 암컷의 환심을 사기 위해서라 하며, 암컷의 수수한 빛깔은 새끼를 양육할 때 천적이 발견하기 어렵도록 보호색을 취하기 때문이라고 한다. 이와 같이 암수 빛깔이 다른 것도 종족을 유지하기 위해 유리한 방향으로 진화한 결과라는 설이 있다.

어떻든 원앙이의 수컷은 새 중에서도 그야말로 아름다운 깃털을 가지고 있다. 암컷은 몸 윗면이 전반적으로 회갈색이고 아랫면은 흐린 백색이며 가슴에는 갈색 무늬가 있는 수수한 빛깔이지만, 수컷은 머리와 얼굴, 목, 가슴 등에 오색의 가지가지 화려한 깃털을 갖추고 있으며 특히 날개에서 등 쪽으로 솟은 등황색의 커다란 은행잎 모양의 치레깃은 아름답기 그지없어 암컷과 너무나 대조적이다.

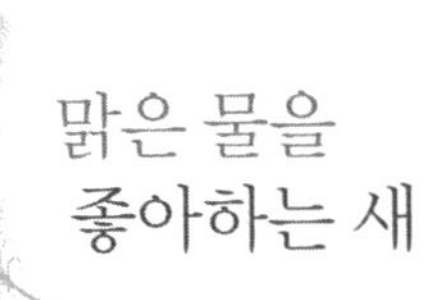

맑은 물을 좋아하는 새

원앙이는 분류상으로 고니, 기러기, 참오리(청둥오리), 쇠오리 등과 함께 오리과에 속하는 물새이다. 원앙이는 맑은 냇물이나 호수

물 위에 있는 원앙이 한 쌍

를 좋아한다. 먹이는 물속의 각종 벌레, 작은 물고기, 여러 가지 식물의 씨와 부드러운 줄기 및 뿌리 등이지만 특히 도토리나 상수리를 즐겨 먹고 다른 오리류와는 달리 나무 위에서 잠을 자며 대부분은 고목의 구멍 속에 둥지를 만들어 알을 낳는 습성이 있다.

봄철 3~5월의 번식기에 짝을 이룬 원앙이의 쌍이 산골의 맑은 냇물에서 노니는 것을 보면 환상적인 그림 같다. 암수가 앞서거니 뒤서거니 헤엄을 치면서 서로 입을 맞추기도 하고 자맥질도 하며, 수컷이 날개를 치면서 아름다운 깃털을 세워 디스플레이display(암컷의 환심을 사기 위한 과시 행동)하는 모양은 아름다움의 극치로서 보는 사람을 황홀케 할 정도이다.

'원앙이 녹수綠水를 만났다' 는 속담이 있는데, 이는 남녀 사이에 서로 적합한 배필을 반남을 이르는 말이다. 원앙이가 산속의 맑은 물 즉 녹수를 대단히 좋아하므로 생긴 속담이겠지만, 맑은 물을 원앙이의 부부 관계로 비유하는 것은 합당치 않다. 그것보다는 원앙이의 부부가 정답게 지낼 수 있는 환경을 찾았다 즉 '부부가 행복하게 살 수 있는 여건을 찾았다' 고 해석해야 할 것 같다.

원앙이는 원앙새라고도 하며 인제隣提, 필조匹鳥, 파라가婆羅迦, 원鴛, 원앙아鴛鴦兒, 계鸂, 계칙鸂鷘, 증경이, 비단오리緋鴨라는 별명도 있다. 《본초강목》에는 원앙이를 황압黃鴨이라 했으며, 원앙이의 고기는 열과 독을 다스리고淸熱解毒 치질의 출혈을 멎게 하며痔疾出血 치통齒痛에도 효과가 있다고 했다. 또 살충 효과도 있어 피부병인 옴疥癬을 치료한다 했으나 검증된 바는 없는 것 같다.

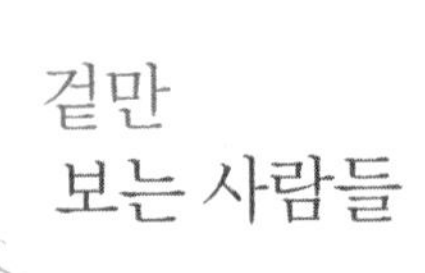

겉만 보는 사람들

그런데 원앙이는 많은 사람들이 알고 있는 것처럼 과연 부부 사이가 오래도록 다정한 새일까? 필자는 수년 동안 자연에 살고 있는 수많은 원앙이를 찾아다니면서 관찰했고 또 원앙이를 많이 사육하면서 그 생태를 조사한 적이 있다.

우리나라에서 볼 수 있는 원앙이 중 상당수는 연중 같은 지역에 사는 텃새이지만, 일부는 북한이나 중국에서 번식한 것이 겨울철의 추위를 피해 날아오는 철새 즉 겨울새인 것도 있다. 겨울철에는 수십 마리, 많을 때는 수백 마리가 떼를 지어 있는 것을 볼 수 있지만 봄철 번식기가 되면 한 쌍씩 짝을 지어 따로 생활한다.

원앙이는 오리과에 속하지만 다른 오리류와는 달리 땅 위에 둥지를 만들지 않고 산골 개울가나 벌판의 냇가에 있는 고목의 구멍 속에 산란하는데, 극히 드물게는 물가의 암벽에 있는 구멍이나 산속의 하천에 놓인 다리 밑의 틈 속에 산란한 예도 있다. 그리고 한배에 10개 정도의 알을 낳는다. 고목 구멍 속의 둥지에는 마른 풀잎 같은 것을 조금 까는 수도 있으나 주로 암컷이 자신의 가슴과 배에서 부드러운 솜털을 많이 뽑아서 깐다. 둥지가 깊은 것은 고목의 구멍 입구에서 1미터 이상 깊은 것도 있다.

그리고 고목의 구멍 등 원앙이가 산란할 수 있는 장소가 많지 않으므로, 같은 구멍 속에 여러 마리가 산란하여 때로는 한 개의 구멍 속(둥지)에 30~40개의 알이 발견되는 경우도 있다.

알을 낳을 장소가 부족할 때는 큰소쩍새나 찌르레기의 알과 새끼가 있는 고목 구멍 속에 원앙이가 알을 낳기도 하는데, 필자는 이러한 예를 여러 번 보았다. 이와 같은 경우는 알을 낳을 장소를 찾지 못하여 엉겁결에 아무 구멍에나 알을 낳지만 그 알을 품지는 않았다.

원앙이는 암수가 짝을 이룬 후 알을 낳을 때까지는 서로가 매우 다정하게 함께 지내지만 산란이 끝나면 곧 헤어진다. 그리고 알을 다 낳을 때까지 사이좋게 지내는 동안이라도 둥지를 돌보는 일, 알을 품는 일, 이후 알이 부화되어 새끼를 돌보는 일 등은 암컷 혼자 담당하고 수컷은 전혀 협력하지 않는다. 그리고 암컷이 알을 품고 있을 때나 새끼를 거느리고 있을 때 수컷이 접근하면, 암컷은 수컷을 심하게 공격하여 가까이 오지 못하게 쫓는다. 이와 같은 원앙이의 생태를 옛사람들이 정확히 알았다면, 신혼부부에게 '원앙이 같은 부부' 가 되라는 말은 하지 않았을 것이며 '원앙금침' 도 생기지 않았을 것이다.

필자가 원앙이를 사육하면서 관찰한 바에 의하면 한 마리의 수컷이 자기의 짝을 두고 다른 쌍의 암컷에게 구애하는 모습을 보기도 했다. 잉꼬(사랑새) 역시 암수 쌍이 서로 먹이를 먹여 주고 입을 맞추는 등 대표적으로 부부 사이가 좋은 새로 알려져 있으나 간혹 암수가 심하게 싸우는 경우도 있고 심지어 짝을 물어 죽이는 수도 있다. 그러므로 원앙이나 잉꼬에 사이가 유난히 다정한 부부를 비유하는 것은, 원앙이나 잉꼬의 생태 중 한 단면만을 보고 맘대로 평가한 것이라 하겠다.

여러 가지 세상사를 오랫동안 두루 살펴보지 않고 단기간 한 면만을 보고 잘못 평가하는 일이 비단 원앙이나 잉꼬의 부부 사이에 대한 것뿐만은 아닐 것이다.

인연은 가까운 곳에

동물이 부부 관계를 맺는 것은 순전히 번식을 위한 수단이므로 번식이 끝나면 대부분의 동물은 부부 관계도 단절된다. 일부다처형이나 일처다부형의 번식을 하는 새는 산란 기간(또는 교미 기간) 동안만 부부 관계를 이루며, 일부일처형의 새라도 암컷만이 알을 품고 새끼를 기르는 종류는 암컷이 알을 낳을 때까지는 부부 관계를 유지하나 알을 다 낳아서 암컷이 포란(알 품기)에 들어가면 부부 관계가 끝나는 경우가 많다.

부부 사이가 유별나게 정답다는 원앙이도 암컷이 한 배의 알을 다 낳아서 알을 품기 시작하는 때부터 부부 관계가 단절된다. 원앙이는 대체로 5~6월에 알을 품는데, 알을 품기 시작할 때부터 새끼를 기르는 시기에는 부부 사이였던 수컷이라도 접근하면 암컷이 심한 공격을 퍼붓는다. 그래서 5~6월에는 원앙이 수컷들만 모여서 작은 무리를 이루고 있는 것을 종종 볼 수 있다.

암수가 협동으로 알을 품고 새끼를 기르는 일부일처형의 새는 새끼가 자라서 독립할 수 있을 때까지 부부 관계가 유지되나 그 후는 부부 관계가 거의 단절되므로, 소형 새의 경우 연 2회 연속 번식하는 종류는 부부로 지내는 기간이 제법 길지만, 연 1회만 번식하는 종류는 부부 관계가 유지되는 기간은 고작 3개월 정도밖에 안 되는 것이 많다.

그런데 번식기가 끝나 부부 관계가 단절된 후, 다음 해의 번식기에 전년도의 배우자와 다시 부부가 되는 가능성은 새의 종류에 따라 차이가 있고 같은 종류라도 여건에 따라 차이가 있다.

어떤 조사에 의하면 뉴질랜드에서 번식하는 노란눈펭귄(그라운드펭귄)은 절반 이상이 2년 동안 전년도와 같은 암수끼리 짝을 이루었으며, 7~13년 동안 같은 암수가 짝을 이룬 것이 12퍼센트나 되었다고 한다. 또 제비갈매기는 2년 동안 전년도와 같은 배우자가 짝을 이룬 것이 79퍼센트였다고 한다.

부부였던 암수가 번식기마다 수년 동안 짝을 이루는 경우는 좁은 범위에서 항상 같이 살거나, 귀소 본능이 강한 새들에서 많이 볼 수 있다. 번식 장소가 해마다 일정한 곳으로 정해져 있고 집단 번식을 하는 괭이갈매기는, 2년 동안 연속하여 같은 암수가 짝을 이룬 것이 96퍼센트나 되었으며 같은 암수가 3년간 연속하여 짝을 지은 것은 41퍼센트였다 한다.

까치물떼새(검은머리물떼새)는 무리 중 24퍼센트가 2년 동안 전년도와 같은 암수끼리 짝을 이뤘고, 10퍼센트가 3년 동안, 3퍼센트는 4년 동안, 2퍼센트는 5년 동안 같은 암수끼리 짝을 이루었다. 그리고 100쌍 중 1쌍은 6년간이나 같은 배우자와 짝을 지었다고 한다.

또한 한 번 짝을 이룬 암수는 평생 부부 생활을 한다는 말이 있는 신천옹의 경우, 흰신천옹(알바트로스) 100쌍 중 2쌍이 15년간 같은 암수가 부부로 지냈다는 보고가 있다. 참새목에 속하는 소형 새는 해마다 번식기에 배우자가 바뀌는 경우가 많으나, 기러기류, 고니류(백조류), 두루미류와 같은 대형 새는 상대적으로 부부 관계가 오랫동안 지속된다고 한다.

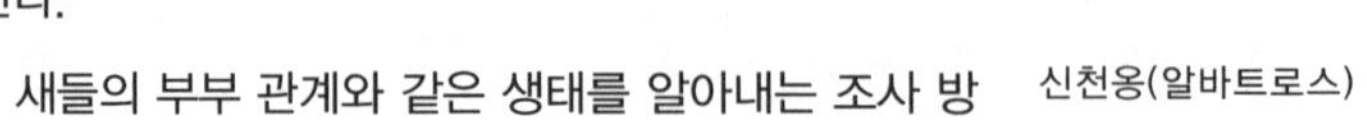
신천옹(알바트로스)

새들의 부부 관계와 같은 생태를 알아내는 조사 방

법으로는, 많은 새를 각기 구분할 수 있게 몸에 표지를 하여 날려 보내는 이른바 표지 방조標識放鳥라는 방법을 많이 쓴다. 표지 방조 조사에서 가장 많이 쓰이는 방법은 새의 발목에 여러 가지 빛깔의 가락지를 끼워 날려 보낸 후 각 개체의 행동을 관찰하는 것이다.

인가의 처마 밑에 둥지를 만들어 번식하는 제비는 해마다 옛집을 찾아오는 것으로 알려져 있다. 그런데 외국의 한 조사에 의하면 전년도의 부부가 다음 해에도 서로 짝을 이루는 제비는 전체의 약 절반이고, 이들 중 66퍼센트는 전년도와 같은 집을 찾아 왔으나 34퍼센트는 다른 곳으로 번식 장소를 옮겼다고 한다.

결과적으로 전년도의 부부가 다음 해에도 짝을 이루어 같은 집으로 찾아온 경우는 전체의 30퍼센트 남짓에 불과했으며, 그 외는 전년도와 같은 부부이지만 다른 곳으로 번식 장소를 옮기거나 배우자가 바뀌어 있었다는 것이다. 같은 연구의 조사 결과에서, 다음 해에도 같은 집으로 찾아왔으나 한쪽 배우자가 바뀐 제비 중에는 수컷이 바뀐 경우보다 암컷이 바뀐 경우가 훨씬 많았다고 하므로 수컷의 귀소 본능이 암컷보다 강한 것 같다.

다음 해에 배우자가 바뀌는 가장 큰 원인으로는 한쪽이 사망하기 때문이라 하겠다. 집비둘기의 경우도 부부 중 암컷이 죽으면 수컷은 어디선가 암컷을 자기 집으로 데리고 오지만 수컷이 죽으면 대부분의 암컷은 어디론가 떠난다.

앞에서 새의 부부 관계는 사실상 번식 기간 동안만 유지된다고 말했지만, 실제로 다음 해의 번식기가 되어 다시 배우자를 선택할 때 전년도의 배우자가 사망하지 않는 한 재결합하는 비율이 높다. 특히 번식 장소가 해마다 일정한 곳으로 정해진 종류와 귀소 본능이 강한 조류일수록 번식기마다 전년도의 배우자끼리 재결합하여 부부가 되는 확률이 높다.

수년 동안 연속하여 부부 관계를 이룬 암수가 비번식기에도 서로 간에 다른 동료들과의 사이보다 얼마나 정답고 가까이 지내는가에 관해서는 아직 확실한 연구가 없지만, 항상 같은 곳에 살면서 가까이 지내는 사이는 번식기가 되면 쉽게 짝을 맺을 수 있는 가능성이 높을 것이다.

일단 집부터 마련하고…

번식기에는 새들이 다양한 구애 행동을 하는데, 가장 기묘한 행동으로 과시 및 구애를 하는 것은 정자새일 것이다. 정자새는 전 세계에 18종이 있으며 모두 오스트레일리아와 뉴기니 및 그 주변의 섬에 살고 있다.

정자새의 수컷은 암컷을 유인하기 위해 숲 속의 땅 위에 정자亭子를 만들고, 그 옆에 춤추는 장소(무대)도 만드는 등 아주 멋있게 뜰을 꾸민다. 나무 기둥을 세우고 지붕을 덮어 만든 정자의 바닥에는 나뭇잎과 이끼를 깔아 단장하고, 또 정자 안에는 앉아서 쉴 수 있는 횃대(막대기)를 걸치고 횃대에도 나뭇잎과 이끼를 붙여서 치장한다.

또 정자 앞의 춤추는 무대에도 나뭇잎, 꽃, 열매, 조개껍질, 뼈조각, 유리조각, 버려진 라이터, 못 쓰는 포크, 각종 쇠붙이 등을 구해 와서 치장하는데, 때로는 은화나 보석 반지 같은 것도 물어다 놓는다고 한다. 치장 재료 중에는 푸른 빛깔의 것이 가장 많은데, 아마도 정자새는 푸른 빛깔을 특히 좋아하는 것 같다.

정자새는 종류에 따라 만드는 정자와 춤추는 무대 등 건조물의 모양에 차이가 있다. 어떤 정자는 높이가 사람의 키만 하고, 정자를 만든 교묘한 솜씨는 몸의 크기가 30센티미터 정도밖에 안 되는 새가 만든 것이라고는 믿기 어려울 정도라고 한다. 이 새가 만든 정자를 처음으로 발견한 탐험가는 그 지방에 사는 아이들이 장난삼아 만든 것이라고 여기기도 했다.

둥지를 만드는 정자새 수컷

이와 같이 정자새의 수컷은 정자와 무대를 만들고 뜰을 꾸민 후 그 앞에서 춤을 추면서 암컷을 유혹한다. 그리고 암컷이 오면 정자 안으로 함께 들어가서 교미를 하며, 교미를 마친 암컷이 정자에서 떠난 후 수컷은 다시 암컷을 유인하는 춤을 춘다고 한다. 이런 식으로 정자새의 어떤 수컷은 한 번 식기에 25마리의 암컷과 교미했다고 한다.

교미를 마친 암컷은 정자가 있는 곳과는 다른 곳의 나뭇가지 위에 홀로 둥지를 만들어 산란하는데, 둥지의 모양은 아주 간단하고 보잘 것 없는 접시 모양이어서 수컷이 만든 정자에 비하면 매우 대조적이라 한다.

가마우지 내가 먹는 게 먹는 게 아니야

가마우지는 희귀한 새는 아니지만 이 새를 아는 사람은 의외로 적다. 가마우지과에 속하는 새는 전 세계에 29종이 있다. 우리나라에는 가마우지와 민물가마우지, 쇠가마우지, 붉은뺨가마우지 4종이 기록되었으며, 가마우지와 민물가마우지가 가장 흔한 종이다. ● 몸 크기는 청둥오리보다 훨씬 크고 목이 길며 몸 전체가 금속광택이 있는 흑갈색이다. 잠수에 능하며 물고기를 잘 잡기 때문에 옛날부터 중국, 일본, 동남아 등의 여러 나라에서 사육하여 강이나 늪, 호수에서 고기잡이에 이용했다. ● 한국, 일본, 사할린, 연해주 등에서 번식하며 비번식기에는 러시아, 중국, 대만 등으로 확산 분포한다.

사냥에 이용한 동물들

인류는 옛날부터 여러 가지 동물을 생활에 이용했다. 개는 태곳적부터 가장 많이 이용되었는데, 처음에는 주로 사냥에 이용되었지만 용도에 따라 300종류 이상의 많은 품종으로 개량되었으며 사냥개의 종류만도 수십 종류 이상이다. 또 매와 수리를 길들여 꿩, 오리, 비둘기 등의 날짐승을 잡고 검덕수리와 같은 대형 사냥매로는 여우와 삵, 너구리 등도 잡았다.

심지어는 치타를 길들여 영양류를 잡기도 했다. 치타는 아프리카의 열대 초원이나 반사막 지대에 사는 표범을 닮은 고양이과의 맹수로서 시속 120킬로미터의 빠른 속력을 낼 수 있다. 치타는 육상에서 가장 빠른 동물이므로 가젤처럼 빨리 뛰는 영양류도 능히 잡을 수 있다.

이와 같이 육상과 공중의 동물뿐만 아니라 가마우지라는 새를 길들여 물고기를 잡기까지 하는 인간은 참으로 영특, 아니 지나치게 영악하다고도 할 수 있겠다.

강이나 냇물에서 물고기를 잡는 천렵川獵에 이용하는 새가 '가마우지' 이다. 우리나라에서는 새를 이용해 물고기를 잡는 사람이 거의 없지만, 다른 지역에서는 가마우지를 이용해 물고기를 잡는 사람이 많았다. 일본, 중국, 인도 등에서도 과거에 가마우지라는 새를 이용한 어로가 성행했다.

가마우지는 우리나라에서도 어렵지 않게 볼 수 있으나 이 새를 아는 사람이 많지 않고 또 이름도 생소하여, 어떤 이는 가마우지라는 새 이름이 혹시 일본어가 아니냐고 묻기도 한다.

가마우지는 우지, 덥펄새, 노자鸕鶿, 수로압水老鴨, 수로아水老鴉, 어응魚鷹, 오귀烏鬼, 물매 등 많은 별명이 있고, 어떤 지방에서는 물까마귀라고도 부른다. 이들 여러 가지 이름에서 짐작할 수 있듯 오리를 닮은 큰 새, 물에 사는 큰 까마귀 같은 (검은 빛깔의) 새, 물고기를 잘 잡는 물고기매(물고기 수리) 등으로 붙여진 이름들이다.

물고기를 잘 잡아먹는 새도 종류가 많다. 가마우지 외에도 농병아리류, 머구리새(아비)류, 비오리류, 펭귄류, 갈매기류, 사다새류, 백로와 왜가리류, 물총새류 등등 물새류水禽類와 물수리, 참수리와 같은 맹금류도 물고기를 주식으로 한다. 그러나 가마우지만큼 물고기를 잘 잡고 또 길들이기 쉬운 새는 없다.

중국에서는 가마우지를 사육하여 천렵에도 쓰고 약용으로도 많이 이용했다. 《본초강목本草綱目》이나 《포자론炮炙論》 등의 약재서에는 가마우지의 약효에 대해 다음과 같이 적혀 있다.

가마우지의 고기는 몸이 차고 배가 붓는 병體寒腹大에 효능이 있으며, 가마우지의 고기를 구워 만든 가루는 수종水腫에 효과가 있고, 그 뼈를 구워 만든 가루는 얼굴의 주근깨를 없애며, 모이주머니嗉囊를 구워 만든 가루는 목에 생선 가시나 보리 가시가 걸렸을 때 효과가 있다. 그리고 가마우지의 고기는 백일해(기침을 일으키는 급성 전염병)도 치료한다 했다.

물론 이와 같은 가마우지의 약효가 검증된 것은 아니겠지만, 그만큼 옛날부터 여러모로 많이 이용되는 사람과 친숙한 새였음은 분명하다.

물고기를 잡아먹기에 적합한 몸 구조

물고기를 잘 잡는 가마우지과에 속하는 새는 전 세계에 29종이 있는데, 학자에 따라서는 별개 과科로 구분하는 뱀가마우지과의 2종도 같은 과로 분류하여 가마우지과의 새를 31종이라고 하는 설도 있다.

가마우지과의 새는 열대와 온대 지방에 분포하는 큰 물새로서 몸길이가 50센티미터~1미터에 이르는데, 대부분은 온몸이 검은 빛깔이고 얼굴에는 피부가 겉으로 드러난 부분이 있다.

또 가마우지류는 울음소리를 내지 않는 새이다. 대부분의 새는 숨관에 소리를 내는 명관이라는 기관이 발달해 있어 울음소리를 잘 내지만, 가마우지류는 명관이 없으므로 울음소리를 내지 못한다.

가마우지류는 해안이나 강, 늪이나 호수 등에서 물고기를 잡아먹고 살므로 헤엄을 잘 치고 잠수에 능하지만, 비상력도 강하여 하늘 높이 날아올라 장거리 이동도 한다. 가마우지가 무리를 지어 날아갈 때는 기러기의 행렬 즉 안진과 같이 1자 또는 V자 모양을 이루는 경우가 많으므로 멀리서 보면 기러기의 행렬로 오인하기 쉽다.

대부분의 가마우지류는 잘 날지만 갈라파고스 제도에 사는 갈라파고스가마우지와 배링 해에 서식했으나 지금은 멸종한 안경가마우지는 날개가 퇴화하여 전혀 날지 못한다. 안경 가마우지는 코만도르스키예 제도에 많이 살고 있었는데 식용으로 남획되어 19세기 중반에 멸종했다.

우리나라에서는 주로 겨울철에 가마우지과의 새를 볼 수 있으며, 가마우지와 민물가마우지, 쇠가마우지, 붉은뺨가마우지의 4종이 기록되었는데 민물가마우지가 가장 많다.

가마우지와 민물가마우지는 매우 닮았으며 가마우지과의 새 중에서는 몸이 가장 크다. 그리고 이 두 종류가 물고기를 잡는 어로에 많이 이용되는데, 일본에서는 민물가마우지도 이용하지만 주로 가마우지를 이용했고 중국에서는 민물가마우지를 많이 이용했다.

가마우지와 민물가마우지는 부리 끝에서 꼬리까지의 몸길이가 90센티미터 내외이고 양 날개를 편 길이는 1미터 50센티미터

가마우지　　　　민물가마우지　　　　쇠가마우지

정도이다.

가마우지와 민물가마우지는 언뜻 보면 온몸이 검게 보이지만 등과 날개깃은 푸른빛과 보랏빛 등의 광택이 있고, 또 비늘 모양의 무늬가 많이 있다. 그리고 유난히 작은 눈알은 녹색이며 튼튼하고 긴 부리는 끝이 날카로운 갈고리처럼 생겨 있어 한번 물린 물고기는 절대로 빠져나갈 수 없다. 입이 매우 크고 목은 길고 굵으며, 특히 식도와 목의 근육 및 피부는 신축성이 대단하여 큰 물고기도 삼킬 수 있게 늘어난다.

다른 새와는 달리 몸의 뒤쪽 꽁무니 가까이에 붙은 발은 매우 튼튼하고 짧지만 발가락은 크고 길며, 4개의 발가락 사이가 모두 물갈퀴막으로 연결되어 있는 것도 특징이다(오리류와 갈매기류는 3개의 발가락 사이가 물갈퀴막으로 연결됨). 그리고 빳빳한 꼬리(깃)는 물속을 헤엄칠 때 방향을 조절하는 키 역할을 한다.

가마우지의 생김새를 일일이 상세하게 설명하기는 어려우니 몸의 구조가 헤엄치고 잠수하면서 물고기를 잡아먹기에 아주 적합하게 생겼다.

그런데 가마우지와 민물가마우지는 서로 다른 종이지만 생김새가 너무나 흡사하여 전문가가 아니면 구분하기 어렵다. 이 두 종의 가장 큰 차이 가운데 하나는 얼굴 바깥으로 드러난 피부의 경계선 모양이다.

가마우지과의 새는 모두 얼굴에 누른색 또는 붉은색 등의 피부가 겉으로 드러나 있다. 가마우지와 민물가마우지도 부리의 기부와 눈 주위의 얼굴에 누른색의 피부가 드러나 있는데, 부리 기부 쪽에 드러난 피부의 경계선이 둥근 모양인 것은 가마우지이고 경계선 모양이 각진 것은 민물가마우지이다. 그러나 이와 같은 차이로 야외에서 멀리 있는 새가 가마우지인지 민물가마우지인지를 구분하기는 참으로 어렵다.

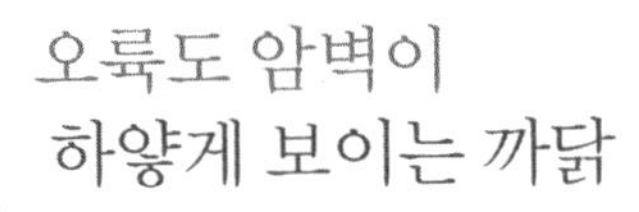

오륙도 암벽이 하얗게 보이는 까닭

겨울철의 낙동강 하구에서는 약 1,000마리 정도의 가마우지류 무리를 볼 수 있는데 대부분이 민물가마우지이다. 이들은 물속에서 물고기를 잡아먹은 뒤에는 바위나 모래사장에 올라 날개를 펴고 물에 젖은 깃털을 말리는 습성이 있다. 그리고 밤에는 한곳에 모여 집단으로 잠을 자는데, 부산 지방에서는 주로 남구 용호동 앞바다에 있는 오륙도에서 잠을 잔다.

겨울철 오륙도에는 해질 무렵이면 낙동강 하류뿐만 아니라 인근 연안에 있던 가마우지들도 모여드는데, 이곳에서 잠을 자는 가마우지는 2,000~3,000마리 정도이다. 그러므로 부산의 명소인 오륙도(특히 굴섬)의 암벽은 가마우지들이 배출한 분뇨가 말라붙어 멀리서 보아도 암벽이 허옇게 보인다.

만약 이 가마우지들의 똥이 많이 쌓인다면 구아노guano처럼 되겠지만 우리나라는 구아노가 만들어질 만큼 가마우지가 많지도 않고 기후도 맞지 않다. 구아노란 남미의 페루나 칠레 등의 연안에 많은, 바닷새의 똥이 굳어서 된 화석化石이다.

페루와 칠레의 해안에는 가마우지뿐만 아니라 가다랭이새 등의 물새들이 많이 살고 있다. 예컨대 페루의 구아나베 섬에는 수백만 마리 이상의 바닷새들의 집단 서식지가 있는데, 바닷새들이 물고기를 잡아먹고 연안의 바위에 올라 똥을 싸면 강력한 햇빛에 똥이 말라붙으면서 오랜 세월 동안 점점 두껍게 쌓여 돌처럼 단단한 구아노가 된다.

구아나베 섬 등 많은 바닷새의 집단 서식지에는 해마다 약 1.5

밀리미터의 두께로 구아노가 퇴적된다고 하는데, 현재 구아노 층이 두꺼운 곳은 45미터인 곳도 있으므로 이는 약 30,000년 동안 계속 퇴적된 것이라 하겠다.

구아노는 질소와 인산을 풍부하게 함유하므로 좋은 천연 비료이다. 또한 인산염은 화약의 원료로 이용되므로 남미의 구아노 생산국에서는 20세기 초까지 구아노를 대량 채취하여 외국으로 수출했으나, 현재는 자연 보호를 위해 함부로 구아노를 채취하지 못하도록 법으로 규제하고 있다.

가마우지를 길들이는 법

그런데 인간은 가마우지를 어떻게 이용해서 물고기를 잡는 것일까? 지금은 어로 방법과 기술이 발달해 가마우지를 이용하는 어로를 하는 사람은 거의 없지만, 취미로 하는 사람이 간혹 있고 최근에는 관광 사업으로도 이용하고 있다 한다.

가마우지로 물고기를 잡으려면 우선 가마우지의 새끼를 잡아서 길들여야 한다. 가마우지류는 번식기가 되면 일정한 장소에 무리를 이루어 집단으로 번식하는 습성이 있다. 5~6월에 해안의 절벽 위에 나뭇가지와 풀 등을 모아서 둥지를 만들고 4~5개의 알을 산란하며, 민물가마우지는 3~4월에 내륙의 삼림에 있는 큰 나무 위에 둥지를 만들거나 간혹 땅 위에 둥지를 만들고 3~4개의 알을 낳는다.

가마우지를 사육하려면 번식 장소에서 아직 날지 못하는 새끼를 여러 마리 잡아 와서, 우리 속에 가두어 기르면서 항상 사람과 가까이 하여 사람을 보고도 겁을 내지 않도록 길들인다. 이렇게 길들인 가마우지를 강이나 냇물에 갖고 가서 물고기를 잡는데, 천렵하는 날 전에 하루 이틀 정도 먹이를 주지 않고 굶겨서 식욕을 왕성하게 한 다음 물고기를 잡도록 한다. 동물은 배가 부르면 함부로 먹이를 잡지 않기 때문이다.

매를 길들여 꿩 사냥을 할 때도 사냥 가기 전에 매를 굶기는 것처럼 가마우지 역시 배가 고픈 상태에서 물고기를 더 잘 잡는다. 매나 가마우지 입장에서 보면 인간이 너무 영악하고 잔인하지 않을까 싶다. 가마우지가 잡아먹는 물고기의 종류는 다양하지만 어부가 노리는 가장 좋은 물고기는, 일본의 경우 '은어' 이며 그 외에도 주로 소하성溯河性 물고기를 대상으로 한다.

소하성 물고기란 바다에 살다가 번식기가 되면 무리를 지어 강으로 이동하여 (주로 강의 상류 쪽에서) 산란하는 은어, 연어, 송어, 황어 등과 같은 물고기를 말하며, 반대로 강에 살다가 바다에 가서 산란하는 뱀장어와 같은 물고기를 강하성降河性 물고기라고 한다. 그리고 소하성이든 강하성이든 알을 낳기 위해 물고기가 이동하는 것을 산란 회유産卵回游라 한다.

어부는 물고기들의 회유 시기를 포착하여 여러 마리의 길들인 가마우지를 배에 싣고 강으로 나가서 이들을 물 위에 풀어놓는다. 굶주림으로 잔뜩 배가 고픈 가마우지는 강으로 뛰어들어 이리저리 헤엄치고 잠수하면서 날카로운 부리로 물고기를 찍어 잡는데, 중요한 것은 가마우지가 잡은 물고기를 삼키지 못하게 가마우지의 목을 적당히 졸라매어 두는 것이다.

물론 호흡에는 지장이 없고 먹이만 삼키지 못하게 가느다란 끈으로 가마우지의 윗목을 적당히 졸라맨다. 가마우지는 물고기를 잡아먹을 때 물속에서는 먹이를 삼키지 않고 반드시 수면 위에 머리를 내고 삼킨다. 때문에 목이 조인 가마우지는 물고기를 삼키려 하나 목이 조여 있으므로 먹이를 목구멍으로 넘기기 못해 애를 태운다. 그러면 이를 본 어부는 즉시 배를 저어 가마우지에게 다가가서 물고기를 빼앗고 다시 놓아주어 물고기를 잡게 한다.

가마우지를 이용해 물고기를 잡는 방법도 지방에 따라 다소 차이가 있다. 과거 일본에서 하는 방법을 보면, 가마우지의 목을 조여 매는 외에도 가늘고 긴 줄을 가마우지의 목에 매고 줄 끝을 손에 쥐고 있거나 배에 묶어 둔다. 그리고 가마우지가 물고기를 잡아 수면 위에 머리를 내면 즉시 줄을 당겨 가마우지를 가까이 오게 한 다음 물고기를 뺏는다. 이와 같은 식으로 가마우지를 잘 다루는 어부는 한 사람이 약 20마리의 가마우지를 조종하여 물고기를 잡는다고 한다. 또한 가마우지 어로는 밤에 배를 타고 횃불을 밝히면서 하는 것이 효과적이라고 한다. 소하성 어류는 주로 밤에 회유하는 것이 많다.

가마우지는 예상외로 큰 물고기를 잡기도 하는데, 잡은 물고기가 너무 커서 삼키지 못하는 경우도 간혹 있다. 오래전의 일이지만 민물가마우지 한 마리를 필자에게 가지고 온 사람이 있었는데, 가마우지가 너무 큰 물고기를 억지로 삼키려다가 물고기의 지느러미(가시)가 목구멍에 걸려 삼키지도 못하고 뱉지도 못한 채 기진맥진한 것을 낚시하러 갔다가 발견하여 갖고 왔다는 것이다.

필자는 물고기를 빼내고 가마우지를 회복시켜 방생했는데, 가마우지의 영어 이름인 Cormorant라는 단어에 '대식가' 또는 '욕심쟁이' 라는 뜻도 있다는 이유를 알 것 같았다.

매 세상에서 가장 빠른 동물

매과에 속하는 새는 전 세계에 58종이 있으며 남극 지방을 제외한 모든 지역에 분포하는데, 그중 매는 19 내지 20아종으로 구분한다. ● 먹이는 메추리, 비둘기, 꿩, 오리류, 갈매기류 등의 조류와 멧토끼, 다람쥐, 쥐 등이지만 특히 중형 조류를 주식으로 한다. ● 비행 속력이 대단히 빨라서 먹이를 발견하면 순식간에 낚아챈다. 옛날부터 세계 여러 나라에서 길들여 사냥에 이용했다. ● 예전에는 우리나라에서도 매사냥이 성행했는데 매 외에도 특히 참매를 많이 이용했다. 참매는 매와 닮은 점이 많으나 분류상으로 수리과에 속한다.

매 주인의 앙갚음

옛날 중국의 어느 지방에서 사냥을 하던 포수가 가까이 날아오는 매를 보고 무심결에 총을 쏘아 떨어뜨렸다. 헌데 총에 맞아 죽은 매는 그 지방에서 제일가는 부호가 자식처럼 애지중지 기르는 사냥매였다.

매가 총에 맞아 떨어지는 것을 건너편에서 본 매의 주인이 하인을 거느리고 다가오자 포수는 모르고 저지른 짓이니 이해해 달라고 용서를 구했으나, 매의 주인은 말없이 입술을 깨물면서 죽은 사냥매만 한참 보고 있다가 돌아갔다.

객지에서 온 포수는 날이 저물려 하자 사냥을 끝내고는, 숙소를 구하기 위해 마을로 내려가서 마을에서 가장 큰 집을 찾아가 하룻밤 묵기를 청했다. 옛날 부잣집에서는 나그네에게 숙소나 음식을 제공해 주는 미풍이 있었다.

그런데 공교롭게도 포수가 찾아간 그 집은 낮에 자신이 쏘아 죽인 사냥매의 주인이 사는 집이었다. 밖의 인기척을 들은 집주인은 방문을 조금 열고 포수를 내다보더니 하인을 시켜 자고 가도 좋다고 허락했다. 그리고 맛있는 저녁 식사와 좋은 술까지 내어주면서 융숭하게 대접했다.

그날 밤 사랑방에 누운 포수는 피로와 취기로 깊은 잠에 빠졌다. 그런데 한밤중에 갑자기 불길이 치솟더니 사랑채가 순식간에 화염에 휩싸이는 게 아닌가. 놀라 깬 포수는 허둥지둥 밖으로 뛰어나가려 했으나 방문이 밖에서 굳게 잠겨 있어 속절없이 불에 타 죽고 말았다.

끔찍한 앙갚음이었다. 오랫동안 애지중지 기르던 사냥매를 쏘아 죽인 포수에 대한 매 주인의 무서운 앙갚음은, 사냥꾼들 사이에 구전으로 떠돌던 이야기이다. 중국뿐만 아니라 우리나라에도 옛날에는 매사냥을 하는 사람이 적지 않았는데, 주로 권력 있고 돈 있는 사람들의 놀이였다.

힘 있는 사람들의 놀이

우리나라에서 매사냥은 일찍이 삼국 시대에는 백제에서 가장 성행했고 이후 고려 시대를 거쳐 조선 시대까지 계속되었는데, 당시 국사를 돌보는 관청에 매사냥에 관한 일을 전담하는 부서가 있을 정도였다.

소위 응방鷹坊이라는 것으로 고려, 조선 때 매를 기르는 일과 매사냥을 맡아보는 직소(직무를 집행하는 곳)였다. 고려의 충렬왕(1236~1308)은 가장 신임하는 신하를 응방에 배치할 정도로 응방의 위세는 대단했다. 또 응방 소속으로 매로 꿩 잡는 일을 맡아보던 군사를 응군鷹軍이라 불렀다. 그리고 궁방宮房에서 탄(생)일이나 제사 등에 쓸 꿩은 사옹원司饔院에서 공급하는데, 궁중 음식에 관한 일을 맡아보는 사옹원에 꿩을 공물貢物로 바치던 계를 응사계鷹師契라 했다. 응사란 사냥매를 부리는 사람 즉 매부리를 말하는데 응사계원들도 기세가 대단했다고 한다.

여러 가지 맛있는 요리 중에서도 꿩을 재료로 만든 요리를 최상급으로 여겼기에 '꿩 대신 닭'이라는 속담도 생겼다. 맛있는 꿩고기를 구하기 위해서는 엽총이 없던 옛날에는 매사냥이 가장 좋은 방법이었으므로, 매사냥의 인기가 높을 수밖에 없었고 따라서 사냥매를 대단히 귀중하게 여겼다. 꿩을 잘 잡는 사냥매의 가격이 황소 한 마리 값과 맞먹는다고 했으니 대단한 것이었다.

헌데 매사냥의 인기가 아무리 높더라도 누구나 맘대로 매사냥을 할 수 있는 것은 아니었다. 매사냥은 초기에는 왕후장상과 같은 특수층의 전용 놀이였다. 우리나라 역대 왕들 중에는 매사냥을 무척이나 좋아하는 경우가 여럿 있었는데, 고려의 충렬왕, 조선의 태조 이성계, 태종 이방원 그리고 세종까지도 매사냥을 대단히 좋아했다 한다. 특히 태종 이방원과 양녕대군 이제 등은 매사냥 마니아라 할 정도였다. 한때는 매사냥을 허가제로 실시한 적도 있었는데, 조선의 정종 때는 응패鷹牌라는 신패를 발급받은 자만 매사냥을 할 수 있었다.

이후 매사냥은 차츰 보편화되지만 오랫동안 권세 있고 부유한 양반들의 놀이였다. 당시 양반들 사이에서는 '일응一鷹, 이마二馬, 삼첩三妾' 이라는 유행어도 있었다 한다. 즉 첫째는 좋은 매를 가진 것, 둘째는 좋은 말을 가진 것, 다음은 예쁜 첩을 둔 게 자랑이라는 것이다.

매를 소재로 한 다양한 속담

매사냥 문화는 우리나라에서 오랫동안 이어졌기 때문에 속담과 성어 등에도 매를 소재로 한 것이 많다.

매가 꿩을 잡아 주고 싶어 잡아 주나 : 마지못해 남의 부림을 당하는 처지를 두고 이르는 말.

매를 꿩으로 본다 : 표독한 사람을 순한 사람으로 잘못 본다는 말.

매눈 : 사나운 눈초리 또는 독기가 있는 듯한 눈매. 참매의 눈은 사납게 보이지만, 매의 눈은 전체가 검은 빛깔이므로 그렇게 보이지 않는다. 그러므로 여기서 말하는 '매눈'은 '참매의 눈'을 가리키는 것이다.

매부리코 : 매의 부리와 같이 끝이 삐죽하게 아래로 숙어진 코 또는

매

참매

그러한 코를 가진 사람.

매치 : 사냥매가 잡은 꿩을 말하며, 총으로 잡은 꿩을 '불치'라 한다. 매치는 불치보다 훨씬 가치가 있다고 한다.

인정 없고 쌀쌀하다는 뜻의 '매몰차다'도 매의 행동에서 생긴 말이라 하며, 또 고집불통이라는 뜻의 옹고집도 전혀 길이 들지 않는 매의 고집 즉 응고집鷹固執에서 온 말이라고 풀이하는 의견도 있다. 매라는 뜻의 응鷹자가 들어가는 성어도 꽤 많다.

응시鷹視 : 매가 먹이를 잡기 위해 노려보는 것처럼 사납게 눈을 부릅뜨고 어떤 대상을 보는 것.

응견鷹犬 : 사냥에 이용하는 매와 개라는 뜻으로, 쓸모 있고 재능 있는 사람(부하)의 비유.

응격鷹擊 : 매가 새를 후려치며 공격하듯 백성을 혹독하게 다루는 것.

응양鷹揚 : 매가 하늘 높이 날아오르듯 무용武勇이나 문학文學 등으로 이름을 떨치는 것.

응준鷹隼 : 참매鷹와 매隼를 말하며 둘 다 매사냥에 이용하는 가장 좋은 사냥매라는 뜻에 빗대어 필력筆力이 뛰어남을 나타내는 말.

응전지鷹鸇志 : 매가 작은 새를 잡는 것처럼 맹위를 떨치는 지기志氣를 말함.

이밖에도 서울의 은평구 응암동鷹岩洞은 태조 이성계가 매사냥을 한 바위가 있는 곳이라는 전설에서 유래한 지명이라 한다.

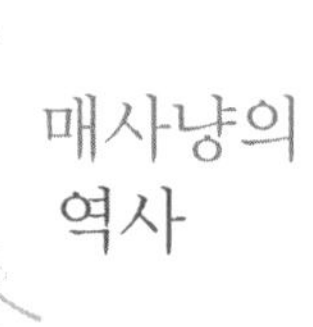

매사냥의 역사

한국의 매사냥 문화는 중국에서 전래했으며, 일본은 한국(주로 백제)으로부터 전해졌다. 매사냥의 발상지는 중앙아시아의 고원高原이며 4~5,000년 전부터 시작되었다는 것이 학계의 통설이다. 파미르 고원과 톈산 산맥을 축으로 하는 투르키스탄 타슈켄트 지방과 쿤룬 산을 중심으로 하는 중국 지방에서 시작된 매사냥 문화는, 남쪽으로는 인도 지역으로 서쪽으로는 페르시아와 아라비아의 여러 지역으로 전파되면서 거의 전 세계로 확산되었다고 한다.

주나라 문왕 때 벌써 매사냥을 했다는 옛 기록도 있다. 중국에서는 아마도 기원전 2000년경부터 매사냥을 했으며, 인도, 페르시아, 시리아, 아라비아 등에서도 거의 같은 시대에 매사냥을 했다고 한다.

니네베 및 바빌론의 유적 조사로 유명한 레이어드의 저서에는 코르사바드의 폐허에서 초석에 새겨진 조각에서 사냥꾼이 매를 손에 얹고 있는 그림으로 추정되는 것을 발견했다는 내용이 나온다. 이 지방에서는 적어도 기원전 1700년경부터 매사냥을 한 것으로 추측된다.

중국은 당나라에서 원나라에 이르는 시기에 매사냥이 성행했다. 당나라에서는 종묘宗廟에 제수祭需를 조달한다는 명목으로 관청에도 사냥을 전담하는 기구를 두었다. 즉 조방鵰坊, 골방鶻坊, 요방鷂坊, 응방鷹坊, 구방狗坊의 다섯 부서이며 지방에도 방대한 조직을 두었다. 다섯 부서 가운데 구방은 개를 이용하는 사냥 조직이지만 그 외는 모두 매 또는 수리류를 이용하는 사냥 조직이다(조: 검덕수리, 골: 매, 요: 새매, 응: 참매, 구: 개).

우리나라의 고려, 조선 시대의 응방이라는 직소도 중국의 제도를 본뜬 것이라 하겠다. 중국은 당나라 때도 매사냥이 성행했지만, 몽골인들이 중국을 지배하던 시대에는 비할 바가 못 된다. 원나라에서의 매사냥 조직인 응방포렵조직鷹坊捕獵組織은 그야말로 전무후무한 대규모였다.

마르코 폴로(1254~1324)의 《동방견문록》에 의하면 원나라에서는 조렵助獵 동물로 사냥개와 사냥매 외에 훈련된 사자, 호랑이, 표범, 삵 등도 이용했다고 한다. 황제가 사냥을 갈 때는 5,000마리 이상의 각종 조렵 동물과 사냥매를 부리는 매부리 등 10,000명 이상의 인원을 동원했다. 그리고 황제 쿠빌라이는 코끼리 등 위에 장치한 어가(임금이 타던 수레)에서 사냥을 지휘하며 갖고 온 두루미를 날리면서 길들인 사냥매로 하여금 두루미를 잡게 하면서 즐겼다 한다. 그야말로 믿어지지 않는 놀라운 일이라 하겠다.

이와 같은 대규모의 사냥 조직에는 사냥매도 많이 필요했으므로 주변 약소국이나 부족으로부터 공물로 매를 상납받기도 했다. 고려와 조선도 몽골, 원나라, 명나라 등 중국으로부터 매를 보내라는 압력을 많이 받았다. 《세종실록》에 의하면 명나라에 매를 보내기 위해 함길도(함경도의 옛 지명), 평안도, 강원도, 황해도 등에 매를 잡는 집을 수십 내지 수백 호 지정하고, 이들에게는 부역을 면해 주고 매를 잡는 데 전념케 하였다. 그리고 매를 잡아 오는 자에게는 포상하고, 특히 좋은 매를 잡아 오면 많은 포상 외에 상당한 벼슬도 내렸다.

또 조공이라는 공식적인 경로 외에도 중국에서는 매를 잡는 전문가와 군대까지 동원해 우리나라의 매를 많이 잡아갔는데, 매를 잡아갈 때 중국의 쑹화강과 함경북도를 잇는 통로를 주로 이용했으므로 이 길을 맷길Falcon road이라고 불렀다 한다. 옛날 중국에서 비단을 수출하던 통로인 비단길Silk road에 상응하는 재미있는 표현이라 하겠다. 그리고 우리나라 함경남도 삼수와 종성 지역 사람들이 중국인들이 매를 훔쳐가는 길을 막은 경우도 있었는데, 그 때문에 간혹 싸움이 일어나기도 했다 한다.

우리나라에는 매도 많을 뿐더러, 사냥용으로 성능이 우수한 매가 많았으므로 예부터 한국산 매를 대단히 선호했다. 한국산 매 중에서도 사냥용으로 가장 우수한 것은 '장산곶매' 라고 말하는 사람이 있는데, 이는 장산곶매가 어떤 것인지를 전혀 모르고 하는 말이다.

장산곶매란 황해도 장산곶에서 나는 매가 아니고, 매를 의인화한 것으로 옛날부터 전해 오는 이야기 속의 주인공이다. 약자를 돕는 의협심과 불의에 항거하고 자유와 평화를 실현하기 위해 힘쓰는 이야기의 주인공이 장산곶매이다.

장산곶이라는 마을에 나타나서 온갖 횡포를 부리는 크고 힘센 독수리를 이곳 구월산 숲 속에 살고 있는 작지만 용감한 매가 사력을 다해 퇴치한다. 그리고 부상당하고 지친 매를 잡아먹으려는 구렁이도 퇴치한다는 이야기이다.

한국산 매는 중국뿐만 아니고 일본으로도 많이 건너갔는데, 일찍이 백제가 일본에 사냥용 매와 개를 보내고 매를 사냥용으로 조련시키는 기술을 전수했다. 《삼국유사》 등 여러 사기에 매사냥에 관한 기록이 자주 나오는데, 특히 백제는 왕실에서 매사냥을 숭상했으며 백제의 별칭 국호도 응준鷹隼(참매와 매)이라 하여 매를 나라의 상징으로 삼았다. 백제 유물 중 금동관에는 매가 나는 모양의 장식도 있다.

조선 시대에는 왜관倭館을 통해 일본으로 매를 많이 가지고 갔으며, 또 우리나라에서 일본으로 통신사가 갈 때 많은 매와 더불어 매를 길들이는 양응서養鷹書도 요구했다 한다. 중국은 물론 일본 사람들도 한국산 매를 대단히 좋아했다는 사실을 알 수 있다.

일본에서도 우리나라의 응방과 비슷한 응감부鷹甘部라는 부서를 두어 매를 관리했다고 한다. 일본에서는 도쿠가와 막부 시대에 매사냥이 가장 성행했으며 쇼군(막부의 우두머리)이라는 칭호를 가진 자는 매사냥이 필수였다 한다. 도쿠가와 이에야스(1543~1616)는 매사냥을 대단히 좋아하여 죽기 3개월 전까지도 매사냥을 했다.

그런데 매사냥으로는 어떤 동물을 잡을 수 있을까? 《선만동물통감鮮滿動物通鑑》(1936) 등에 의하면 매사냥으로 포획할 수 있는 사냥감은 포유류(짐승) 중에는 산양, 노루, 고라니, 늑대, 너구리, 여우, 삵, 토끼, 청설모 등이며, 조류는 두루미, 황새, 느시, 고니, 기러기류, 오리류, 꿩류, 들꿩류, 사막꿩, 메추리, 멧비둘기, 도요류, 물떼새류, 지빠귀류, 종다리, 멧새, 참새 등이라 한다.

매사냥으로 산양, 노루, 늑대 같은 큰 포유류와 두루미, 느시, 황새, 고니 같은 대형 조류를 잡는다는 것은 믿기 어렵지만, 잘 길들인 검덕수리라면 충분히 잡을 수 있다고 한다. 또 흰매(옥송골)는 공중을 날아가는 대형 조류도 머리를 공격하여 추락시키는 방식으로 사냥을 한다고 한다.

대체로 짐승을 사냥할 때는 검덕수리를 이용하는 경우가 많지만 토끼와 청설모는 참매를 이용해도 쉽게 잡을 수 있다. 그리고 매와 참매는 주로 꿩, 오리류, 도요류 등을 포획할 때, 새매, 조롱이, 황조롱이 등은 메추리, 비둘기, 지빠귀류, 멧새류, 참새 등 소형 조류를 포획할 때 이용한다.

새매

보존 가치를 지닌 문화유산

매사냥을 하려면 우선 야생의 매를 잡아서 사냥용으로 길들여야 하는데 그것이 쉬운 일이 아니다. 지금은 매가 아니라도 엽총으로 쉽게 꿩을 잡을 수 있으므로 매를 필요로 하는 사람이 거의 없지만, 설령 매사냥을 하기 위해 매를 구하려 해도 매를 잡기가 무척 어렵다. 한국은 물론 여러 국가에서는 매를 보호종으로 지정하고 있으므로 매를 사육하려면 당국의 허가를 받아야 한다. 그리고 어렵사리 허가를 받아 매를 입수하더라도 사냥용으로 길들이는 방법을 아는 사람이 거의 없으므로 매사냥을 하기는 대단히 어렵다.

유럽, 미국, 중국, 몽골, 일본, 중동과 아프리카의 여러 나라 등 세계 각지에서는 사냥용 매를 길들이는 방법과 매사냥 기술을 소중한 문화유산으로 계속 승계시키고 있으며, 매사냥을 좋은 취미인 동시에 건강을 위한 훌륭한 스포츠로 발전시키고 있다. 특히 영국에는 매의 사육과 매사냥 기술을 가르치는 학원도 있고 매사냥 박람회와 경진 대회도 열린다. 한국으로부터 매사냥 기술을 전수받은 일본도 매사냥을 문화유산으로 지정하고 있으며, 현재 매사냥을 하는 사람이 수백 명이라 한다.

우리나라에서도 일찍부터 매를 길들이고 사냥할 수 있게 하는 기능 보유자를 발굴하여 그 기술을 전수해야 한다는 의견이 많았으나 실현되지 않다가, 현재 늦게나마 대전광역시와 전라북도에서 매사냥을 지방 문화재로 지정하고 있다.

우리나라에 매사냥 기능을 보유한 사람은 몇 사람 정도에 불과하며 잘 알려져 있지도 않다. 최근 우리나라의 매사냥 문화가 UNESCO(국제연합교육과학문화기구) 인류무형문화유산으로 등재된 것은 매우 고무적이고 다행스러운 일이라 하겠다. 앞으로도 문화재청 등 정부에서 기능 보유자의 발굴과 기술 전수에 적극적으로 힘써 중요한 문화유산이 소멸되지 않도록 보존해야 한다.

만약 매사냥을 장려하거나 매사냥이 유행하면 사냥용으로 매를 많이 포획할 것이므로, 매의 종 보존을 염려하는 의견도 있을 것 같다. 멸종 위기종이며 천연기념물로 지정된 매를 함부로 포획해서는 안 되지만, 매를 길들여 단기간 이용한 후 번식을 위해 자연으로 돌려보내면 매의 보존에는 지장이 없을 것이다. 외국에서는 이와 같은 방법으로 매를 이용하고 있으며, 매를 인공 번식하여 사냥에 이용하기도 한다. 우리나라에서도 매를 보호하고 매사냥 문화도 계승하기 위해 많은 연구와 노력이 필요할 것이다.

사냥용 매 길들이기

매는 어떻게 길들이는 것일까? 매사냥의 역사는 수천 년 전부터 시작되어 대단히 오래되었으나 매를 사육하여 사냥용으로 길들이는 방법을 설명한 양응서는 매우 드물다. 알려진 바로는 가장 오래된 양응서로 독일의 황제 프리드리히 2세가 1247년경에 남긴 《매사냥의 기술De, Arte Venandi Cum Avibus》이라는 책이 있으며, 우리나라에도 이에 필적할 만한 《응골방鷹鶻方》이라는 책이 있다.

응골방이란 '매에 관한 기술'이라는 뜻이다. 응골방은 1325년경 이조년(1269~1343)이 저술한 것으로, 동양에서는 가장 오래된 양응서이며 우리나라에서는 유일한 사냥매 관련 책이다. 이조년은 '이화에 월백하고…'라는 시조로 널리 알려진 고려 중엽의 문신이며, 충렬왕을 따라 매사냥의 고장인 원나라에 다녀오기도 했다.

응골방은 사냥용 매의 외형, 먹이, 길들이기, 증후와 치료법 등 상당히 폭넓게 설명하고 있다. 그러나 매를 포획하는 방법에 대한 설명이 없고 여러 종류의 매에 관해서 언급했으나 사냥매의 종류별 특징과 차이에 대한 설명도 미흡해, 현재의 조류학 지식으로 보면 틀리거나 이해하기 힘든 내용이 많다. 따라서 사냥용 매의 종류와 습성 등에 대해 상당한 지식이 있는 사람에게는 좋은 자료가 되겠으나, 초심자 등 일반인들에게는 매를 길들이는 방법을 습득할 수 있는 교재로 적합하지 못한 것 같다.

현재 매를 사냥용으로 길들이는 방법은 많이 연구되어 있으며 여러 나라와 지방에 따라서 다소 차이가 있다. 일일이 설명할 수는 없으나 참고로 옛날에 조상들이 흔히 사용한 방법을 소개하면 다음과 같다.

우선 야생의 매를 잡아야 하는데 둥지를 떠나지 않은 날지 못하는 어린 새끼를 잡거나, 산야를 날아다니는 매(주로 생후 1년 미만의 것이 좋음)를 먹이로 유인하여 그물이나 덫으로 잡는다. 매를 유인하는 먹이로는 꿩이나 제법 자란 병아리 또는 비둘기 등을 쓰는데, 멧비둘기가 가장 좋다고 한다. 사냥에 이용할 수 있는 사냥매도 여러 종류가 있다. 가장 많이 이용되는 것은 매와 참매인데 우리나라에서는 매보다 참매를 많이 이용한 것 같다. 매든 참매든 둥지 속의 어린 새끼를 잡았을 때는 몇 시간만 지나면 사람이 주는 먹이를 잘 받아먹으며 사람을 보고도 무서워하지 않지만, 자연에서 산야를 맘대로 날아다니던 놈을 잡았을 경우에는 사람이 접근하면 무서워하고 달아나려 하므로 사람을 보고 겁내지 않는 온순한 성질로 바꾸어야 한다.

매를 온순하게 하려면 몇 가지 방법이 있지만, 단기간에 온순한 성질로 바꾸려면 잠을 재우지 않는 것이 상책이라 한다. 매(참매)를 밖이 보이는 적당한 크기의 통 속에 넣고 어두운 곳에서 얼마 동안 안정시킨 후 천장에 나지막하게 매단다. 그런 다음 매통에 줄을 연결하고 이 줄을 계속 잡아당겼다 놓았다 하면서 계속 매통을 흔들어 밤에도 잠을 못 자게 하는 것이다.

밤낮없이 계속 매통을 흔들기 위해서는 요즈음 같으면 전기 진동기 같은 기기를 이용하면 간단히 해결할 수 있겠으나 옛날에는 전기도 없고 진동기 같은 기구도 물론 없었기 때문에 누군가 사람도 함께 잠을 자지 않고 매통을 계속 흔들어야 하는데, 우리 조상들은 묘한 방법을 고안했다. 즉 매통에 연결한 긴 줄을 베틀에 묶어 놓는 것이다.

옛날 시골의 웬만한 집에서는 여름철 재배한 삼이나 목화, 모시풀 등에서 실을 뽑아 주로 겨울철의 농한기에 베를 짜는데, 며느리와 딸들이 이 일을 맡아 밤에도 교대로 베틀에 앉아서 베를 짰다. 이렇게 밤낮없이 움직이는 베틀에 매통을 줄로 연결하면 매통이 쉴 새 없이 흔들려 매가 잠을 잘 수 없다. 오랫동안 잠을 못 잔 매는 멍청하다 할까 단기간에 성질이 온순해져서 사람이 만져도 겁을 내지 않게 된다. 매통을 계속 흔들지 않고도 매를 항상 팔뚝에 앉혀서 길들이면 온순하게 되지만 시간이 많이 걸린다.

어떻게 하든 일단 매가 사람을 무서워하지 않게 되면, 조용한 방에 높이 50센티미터 정도의 횟대를 설치하고 발목에는 50센티미터 정도의 가는 줄을 맨 후 항상 횟대에 앉아 있도록 길들인다. 그리고 무엇보다 사람과 자주 접촉하는 것이 중요하므로 어떤 이는 매와 같은 방에서 생활하고 외출할 때도 매를 팔뚝에 앉혀서 다니기도 한다. 외국에서는 먹이를 줄 때와 훈련시킬 때 그리고 사냥할 때 외에는 항상 매의 눈을 가리는 모자를 씌워 사물을 못 보게 하는 방법으로도 길들인다고 한다.

매의 먹이로는 지방질이 없는 쇠고기, 닭고기 등의 살코기만을 주는 것이 좋은데, 메추리나 갓 부화한 병아리를 주기도 한다. 그리고 먹이를 먹을 때는 반드시 사람의 팔뚝 위에 앉혀서 먹이를 받아먹게 길들인다. 매는 발톱이 대단히 날카로워 상처를 입기 쉬우므로 매를 만지고 다룰 때는 목이 긴 두꺼운 가죽 장갑 또는 두꺼운 토시를 끼거나 팔뚝에 붕대를 두껍게 감아야 한다.

먹이를 줄 때가 아니라도 항상 매가 팔뚝 위에 앉는 습관을 갖게 길들여야 하는데, 그러기 위해서는 너무 배부르게 먹이지 않는 것이 중요한 요령이다. 사람에게 가면 맛있는 먹이를 얻어먹을 수 있다는 인식을 심어 주어야 한다. 배가 부르면 사람에게 가까이 오지 않는다. 너무 잘 먹여 살이 많이 찌면 매의 행동이 민첩하지 못할 뿐만 아니라 먹이를 잡을 생각 즉 사냥할 의욕이 생기지 않는다.

대체로 매가 만복감을 느낄 수 있는 양의 50~60퍼센트 정도, 즉 항상 식욕을 느끼면서도 체력이 쇠약해지지 않는 정도의 먹이를 공급하는 것이 중요한 요령이다(매일 매의 체중을 측정하기도 한다). 그리고 매의 양 발목 사이에는 30센티미터 정도의 끈을 연결하고 끈의 중앙에 소리가 잘 나는 방울을 매달아 놓기도 한다(양 발목 사이에 줄을 매지 않고 꽁지깃이나 한쪽 발목에 방울을 매다는 사람도 있다).

양 발목 사이를 끈으로 연결하는 이유는 사냥할 때 매의 다리 부상을 방지하기 위해서이다. 매가 날아가서 꿩을 덮칠 때 한 발로 꿩을 움켜잡고 다른 발로는 풀뿌리 등을 잡아서 몸을 고정시키면서 날카로운 부리로 꿩의 머리나 목을 물어뜯어 죽이는데, 이때 매에게 잡힌 꿩은 심하게 발버둥을 치면서 발악한다. 큰 장끼(수꿩)는 매우 힘이 세며, 토끼를 잡았을 때도 저항하는 힘이 대단히 강해 간혹 매의 양다리가 심하게 벌어져서 대퇴골의 관절에 부상을 입는 수가 있으므로, 이를 방지하기 위해 매의 양다리가 너무 벌어지지 않게 끈으로 발목을 서로 연결해 두는 것이다.

또 산야에서 매를 팔목에 앉히고 다닐 때 비둘기나 지빠귀 같은 작은 새를 보고도 매가 날아가서 잡으려 할 때가 있으므로, 이런 경우 매가 함부로 손에서 떠나지 못하게 발목 사이의 끈을 잡고 있으면 편리하다.

양 발목을 연결한 끈에 방울을 다는 이유는, 매가 꿩을 잡은 다음 풀숲 속에 있을 때도 방울이 흔들려 계속 소리가 나므로 사냥꾼은 방울 소리를 듣고 매가 있는 곳을 쉽게 찾을 수 있기 때문이다(요즘은 쉽게 찾을 수 있도록 매의 몸에 소형 전파 발신기를 부착하는 경우도 있다).

사냥매의 자격

매를 사냥용으로 길들일 때 우선 매가 사람을 무서워하지 않고 온순하게 되면 다음과 같은 몇 단계의 훈련 과정을 거쳐야만 사냥매로서의 자격을 갖추게 된다. 여기서는 주로 참매의 훈련 과정을 설명하겠다.

먼저 매가 함부로 달아나지 못하게 발목에 가늘고 긴 줄을 맨 후 매를 한곳에 앉히고, 20~30미터 떨어진 곳에 서서 좋아하는 먹이(고깃덩이)를 보이면서 휘파람 등 신호로 매를 불렀을 때 매가 곧 날아와서 사람의 팔뚝에 앉아야 한다. 매가 날아와서 사람의 팔뚝에 앉는 것은 먹이를 얻어먹기 위한 행동이므로 팔뚝에 날아온 매에게는 먹이를 조금 준다. 그리고 이 훈련 과정에서 중요한 것은 매가 배고픔을 느끼게끔 먹이를 주지 않고 적당히 굶겨야 한다는 것이다.

매를 불렀을 때 즉시 날아와서 팔뚝 위에 앉는 훈련이 완전히 숙달되면, 다음 단계의 훈련은 매를 팔뚝에 앉히고 발에 가늘고 긴 줄을 맨 다음, 한 사람이 살아 있는 꿩을 날렸을 때 즉시 매가 꿩을 잡게 하는 것이다. 이 훈련에서는 살아 있는 꿩이 가장 좋지만 산 꿩이 없을 때는 죽은 꿩 또는 꿩 껍질 속에 짚이나 솜을 넣어서 꿰맨 것(박제)을 사용하기도 한다. 이 훈련에서도 역시 매를 적당히 굶겨야 한다.

팔뚝에 앉아 있던 매가 멀리 던지는 꿩을 향해 즉시 날아가야 하며, 또한 높이 날지 않고 수평에 가까운 직선으로 날아가서 꿩을 덮쳐야 한다. 이 과정의 훈련을 여러 번 거친 후 마지막 단계의 훈련은 매의 발에 긴 줄을 매지 않고 산야에 갖고 가서 매를 날리는 것인데, 이를 '매를 놓는다調放' 라고 한다.

팔뚝에 매를 앉히고 꿩이 있을 법한 산야를 걸어가다 꿩이 날

경상북도 청도군의 이기복 응사가 사냥매를 훈련시키는 모습

아오르면 매를 놓아 준다. 그리고 매가 날아가서 꿩을 잡으면 사냥꾼은 조용히 다가가서 매가 꿩을 뜯어 먹는 것을 보고 있다가, 한쪽 가슴살의 1/3 정도의 양을 먹었을 때 꿩을 빼앗고 매를 갖고 돌아와야 한다. 그리고 1~2일 간격으로 같은 훈련을 시키는데, 이와 같은 훈련(시험)을 3회 이상 무난히 치르게 되면 사냥매로서의 자질을 갖추었다 할 수 있다.

그리고 중요한 것은 이와 같이 훈련된 매도 매일 팔뚝에 앉혀서 먹이를 먹게 하고 항상 사람과 가까이 해야 한다. 헌데 모든 매의 성질이 동일하지 않으므로 훈련에 따른 성적에도 상당한 차이가 있는데, 대체로 생후 일 년 미만의 매가 온순하며 훈련을 시키기 쉽다.

매사냥 가는 날

매사냥의 시기는 겨울철 특히 눈이 적당히 내린 후가 좋다. 사냥 나가기 전 이틀쯤 매를 굶기는데 먹이를 전혀 안 주는 것이 아니고 저녁 무렵 괴란塊卵을 조금 먹인다. 괴란이란 사람의 머리카락이나 솜, 헝겊, 조잎 또는 동물의 털이나 새의 부드러운 깃털 등 소화가 안 되는 섬유질로 된 것을 삼킬 수 있는 정도의 호두알 크기로 둥글게 뭉친 것인다. 괴란을 그냥 주면 먹지 않으므로 닭이나 소의 피를 적당히 묻혀서 주면 잘 삼킨다.

사냥매를 사육할 때 괴란은 대단히 요긴한 것으로 매의 성질이나 건강 상태 등도 괴란을 이용해 다스리고 조절할 수 있다. 괴란을 먹은 매는 소량의 피만 소화시키고 소화되지 않는 섬유질은 얼마 후 모두 뱉어 낸다. 매나 수리류 및 올빼미류 등 육식을 하는 맹금류는 동물을 잡아먹은 후 소화되지 않는 털이나 깃털 또는 뼛조각 등은 위장(모래주머니)에서 뭉쳐서 입으로 토하는 습성이 있다. 뱉은 찌꺼기의 둥근 뭉치를 펠릿Pellet이라 한다(직역하면 '알갱

이' 라는 뜻).

그러므로 맹금류의 똥은 언제나 흰 물질 즉 오줌 성분이 섞인 액체 상태로 배출되며 마치 물총처럼 쏘아 내므로, 매를 앉히는 횃대 뒤쪽 벽이나 매를 넣는 매통 벽에는 똥이 말라붙은 흰 가루가 두껍게 붙어 있다. 매똥인 흰 물질을 응시백鷹屎白이라 하며 한방에서는 피부병인 어루러기(곰팡이로 인한 병으로 황갈색이나 검은색 점이 몸에 퍼진다)에 효과가 있다 한다.

옛날 시골에서 장난을 좋아하는 할아버지나 아버지가 섣달 그믐날 밤(제석)에 잠을 자면 눈썹이 센다고 겁을 주면서, 아이들에게 잠을 자면 안 된다고 했다. 제석에는 설날에 쓸 여러 가지 음식을 장만하고 수저와 그릇을 깨끗하게 닦는 등 밤늦게까지 일이 많아 아이들에게도 잔심부름을 시킬 필요가 있었을 것이다. 그래서 일찍 잠든 아이들에게는 매똥(흰 가루, 즉 응시백)을 긁어 와서 눈썹에 발라 놓고 아침에 일어난 아이들에게 '제석에 잠잤기 때문에 눈썹이 세었구나' 하면서 장난을 쳤다.

매를 기르는 집에서 하는 어른들의 아이들에 대한 애정 담긴 장난이었다. 옛날 할아버지와 아버지는 자식들에 대해서 엄격하기만 하셨던 것으로 생각하는 사람이 많으나 장난도 곧잘 하면서 많은 정을 주셨다.

매사냥 가는 아침에는 매가 전날 괴란만을 먹었기 때문에(극히 소량의 피만 먹은 셈이다) 대단히 배가 고파 먹이를 잡으려는 본능이 강하게 발동한다. 매사냥꾼 즉 매부리는 꿩이 있을 법한 산야에 나가서 손목 위에 매를 앉히고 매가 함부로 손을 떠나지 못하게 매의 발목에 연결한 끈을 쥐고 꿩을 찾아다니는데, 보통 한두 사람의 몰이꾼과 함께 가서 풀숲이나 덤불 속에 숨어 있는 꿩을 쫓아낸다. 몰이꾼에게 쫓긴 꿩이 날아오르고 매부리가 손에 쥔 끈을 놓으면, 매는 쏜살같이 날아가서 꿩을 덮쳐잡는다.

이상은 주로 참매Hawk를 이용하는 사냥 방법이다. 유럽이나 미국, 중동 등에서는 사냥터에서 매Falcon를 공중에 날려 놓은 뒤, 사냥개로 하여금 꿩을 찾아 날아오르게 하고 날아오른 꿩을 높이 날던 매가 급강하하면서 덮쳐잡는 식의 꿩 사냥을 하기도 하는데, 이 경우는 사냥매가 사냥개를 겁내지 않게 또 사냥개가 매를 해치지 않게 항상 서로 접촉시키면서 훈련시킨다.

우리나라에서는 사냥개를 동원하는 매사냥은 거의 하지 않았으나, 왕후장상 등 고관대작들이 많은 응군을 거느리고 말을 타고 다니면서 매사냥을 하느라 농사에 피해를 주는 경우가 있어 농민들의 원성을 사기도 했다 한다. 이 경우 매사냥에 이용하는 매는 참매가 아니고 매였음이 분명하다.

매가 꿩을 잡으면 사냥꾼은 방울 소리가 나는 곳으로 즉시 다가가서 꿩을 챙기고 꿩을 잡은 보상으로 쇠고기나 닭고기 등을 밤알만큼 매에게 준다. 쇠고기나 닭고기 대신 꿩의 머릿속에 든 골을 꺼내어 매에게 먹이는 사람도 있다. 속담처럼 매가 주인에게 꿩을 잡아 주고 싶어서 잡은 것이 아니라 굶주린 배를 채우기 위해 잡은 것인데, 먹이를 빼앗기고 아주 적은 양의 고기 소각을 얻어먹는 것이다.

어떻든 이와 같은 식으로 꿩을 두서너 마리만 잡고 돌아오는 것이 좋으나 욕심을 내어 많은 꿩을 잡으려 하면 오히려 낭패를 보는 수가 있다 (특별히 꿩을 잘 잡는 사냥매는 하루에 10마리 이상의 꿩을 잡기도 한다). 꿩을 잡은 보상으로 조금씩 얻어먹은 고기라도 여러 번 먹으면 배가 부르게 되거나, 계속 꿩을 잡다 보면 지쳐서 꿩을 보고도 잡지 않을 뿐만 아니라 매가 높은 나무 위에 앉아서 아무리 불러도 주인에게 날아오지 않는 경우가 있다.

다른 동물을 잡아먹고 사는 포식자(육식 동물)도 자연계에서는 자신이 먹을 만큼만 사냥을 할 뿐 함부로 살생을 하지 않는 것이 생태계가 유지되는 기본적인 순리이다.

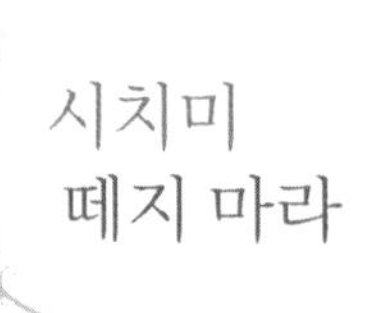

시치미 떼지 마라

배가 부르거나 지치거나 또는 어떤 이유로 사냥매가 주인의 손을 떠나 돌아오지 않는 수가 있으므로, 매를 부리는 사람은 매의 동작과 눈빛 등을 살펴 매의 상태를 판단할 줄 알아야 한다. 능숙한 매부리는 매의 눈빛만 보고도 매의 상태를 판단하며, 상태가 좋지 않은 매는 사냥을 시키지 않는다.

꿩을 잡지 않을 뿐만 아니라 주인이 불러서 돌아오지 않는 사냥매도 시간이 지나 배가 고프면 항상 사람으로부터 먹이를 얻어먹는 습관이 있어 대부분은 사람을 보고 날아온다. 헌데 사냥매가 높은 나무에 앉아서 아무리 불러도 주인에게 날아오지 않으면 기가 찰 일이다. 값비싼 사냥매를 산야에 두고 돌아가기도 어렵지만, 그렇다고 추운 겨울에 산야에서 마냥 기다릴 수도 없어 결국 매를 두고 돌아갈 수밖에 없다.

시치미

사냥매를 기르는 사람들은 이런 사고에 대비하여 네모진 작고 얇은 뿔판에 매 주인의 이름과 주소를 새겨 매의 가운데 꽁지깃에 달아 두는데 이 표지를 '시치미' 라 한다. 매의 임자가 아닌 다른 사람이 사냥매를 입수했을 때는 꽁지깃에 붙어 있는 표지 즉 시치미를 보고 매의 주인을 찾아 돌려주는 것이 도리이지만, 마음보가 나쁜 사람은 시치미를 떼어버리고 자기의 매인 양 주인에게 돌려주지 않으려 하는데 이에서 유래한 속담이 '시치미 떼지 마라' 이다. 즉 알고도 짐짓 모르는 체하거나, 하고도 안 한 체하는 엉큼한 행동을 빗대어 이르는 말이다.

사람들은 매를 사냥 외에도 여러 가지 용도로 이용했는데, 예컨대 농작물과 양어장 등에 피해를 주는 새를 쫓기 위해 또는 공항에서 비행기의 공기 흡입구에 빨려드는 사고를 방지하기 위해 새들을 쫓는 수단으로 매를 이용하기도 한다. 대부분의 새들은 매를 보면 본능적으로 달아나며 가까이 오지 않기 때문이다. 또 어떤 지역에서는 길들인 매를 이용해 농사에 막대한 피해를 주는 모래쥐를 퇴치하기도 한다.

이처럼 길들인 매는 다양한 목적으로 이용되는데, 중국에는 해마다 매를 잡아 짧은 기간 동안만 이용하고 봄이 오기 전에 놓아 주는 지방도 있다고 한다. 즉 늦여름부터 가을 사이에 매를 잡아서 길들인 후 그해 겨울에만 사냥에 이용하고 봄이 오기 전에 자연으로 돌려보내 번식토록 하는데, 매의 보호를 위해 매우 좋은 방법이라 하겠다. 그러나 과거 우리나라에서는 일단 길들인 매는 늙어서 사냥을 잘 못할 때까지 오랫동안 사육하는 경향이 있었다.

매와 참매의 차이

세계적으로 사냥에 가장 많이 이용되는 매와 참매를 비교해 보면 공통점도 있지만 차이가 많다. 무엇보다 분류상으로 과가 다르다. 매는 매과에 속하며 참매는 수리과에 속하므로 포유류에서 고양이와 개의 차이 정도이다.

매와 참매는 사는 장소와 먹이를 잡는 습성도 상당히 다르다. 매는 주로 해안이나 하구 또는 넓은 강변이나 초원 같은 주변이 광활하고 수목이 거의 없는 곳에 살면서 암벽에 둥지를 만든다. 한국에서는 무인고도나 인적이 드문 해안 등의 암벽에 둥지를 만들어 번식하는데 그 수는 매우 적다.

매가 먹이인 다른 새를 잡을 때는 하늘 높이 올라가서(종종 1,000미터까지 날아올라) 먹이를 발견하면 빠른 속도로 급강하하면서 위쪽에서 공격하는데, 공중에서 새의 머리나 목을 발톱으로 후려친다. 이와 같은 공격을 받으면 대부분의 새는 뇌진탕을 일으켜 추락한다. 작은 새는 공중에서 그대로 채어서 적당한 곳에 내려앉아 뜯어 먹거나 새끼가 있는 둥지로 갖고 가지만, 꿩이나 오리 등 큰 먹이는 이처럼 공중에서 머리를 가격해 땅으로 추락시킨 다음 강한 부리로 목뼈를 물어뜯고 부러뜨려 죽인 후 뜯어 먹는다.

한편 참매는 주로 산야의 숲이나 그 주변에 살면서(나무가 너무 많은 짙은 숲은 별로 좋아하지 않는다) 큰 나무 위에 둥지를 만든다. 한국에서는 중부 이북에서 다소 번식하나 주로 북부(북한)에서 번식하며 겨울철에는 남쪽으로 이동하여 서식하는 것이 많다. 먹이를 잡는 방법은 매와 많은 차이가 있다. 참매는 매에 비해 속도가

느리므로 주로 지상에 있는 먹이를 잡는다. 높은 나무나 절벽 등에 앉아 있다가 또는 공중을 천천히 날다가 먹이가 되는 새를 발견하면 단거리에서는 곧장 추격해 공중에서 덮치는 경우도 있지만, 주로 지상에 내려앉은 먹이를 덮쳐서 목이나 옆구리를 쇠갈고리 같은 발톱으로 움켜잡고 날카로운 부리로 머리와 목을 쪼아 죽인다.

그리고 잡힌 동물의 덩치가 클 때는 저항하는 힘도 세므로, 한쪽 발로는 먹이를 움켜잡고 다른 발은 풀뿌리나 나무뿌리를 잡아 몸을 고정시키면서 날카로운 부리로 목을 물어뜯어 죽이는 것이 보통이다. 그런데 최근 일본에서는 참매가 강변에서 잡은 먹이(오리, 까마귀 등)를 발로 움켜쥔 채 물속에 담가 질식시켜 죽이는 행동이 관찰되었다. 지능적 행동인지 우연한 동작인지 단정하기 어려우나 연구할 만한 재미있는 행동이라 하겠다.

매와 참매의 여러 습성 등 생태적 차이로 볼 때 과거 우리나라에서는 매도 이용했지만, 꿩 사냥(또는 토끼 사냥) 등에 주로 참매를 이용했을 것이다. 초지니, 재지니, 산지니, 수지니, 날지니, 보라매, 해동청 등 다양한 별명도 참매를 두고 이른 것 같다.

우리나라에서 매사냥터는 대부분 산지인데 참매는 산지에서 먹이를 쉽게 잡을 수 있지만, 매는 나무가 많은 산지에서는 먹이를 잘 잡지 못하고 주로 들판과 같은 넓은 곳에서 공중을 날며 먹이를 잡는다. 그러므로 중동이나 유럽, 아프리카 등의 사막, 반사막 또는 초원 및 해안 등 나무가 거의 없는 광활한 곳에서 매사냥을 할 때는 매가 적격이며 참매는 산지 사냥에 적합하다.

가장 빠른 생물

매가 먹이를 추격해 잡으려면 속도가 뛰어나야 하는데, 공중에서 급강하할 때의 최고 속력은 시속 400킬로미터가 넘는다고 하며 이는 생물이 낼 수 있는 속력의 한계라고 한다.

또 매나 수리 등 다른 동물을 잡아먹는 맹금류는 먹이를 쉽게 발견하기 위해 시력이 좋아야 한다. 동물의 시력은 대체로 몸을 이동하는 동작이 빠른 동물일수록 잘 발달되어 있다. 그러므로 많은 동물 중에서 빨리 이동할 수 있는 새는 모두 시력이 발달했는데, 그중에서도 이들을 잡아먹기 위해 더욱 빠른 속력을 내야 하는 매나 수리류는 시력이 더 좋다.

예를 들면 매나 수리류는 수백 미터 상공에서 지상에 있는 1센티미터 정도의 작은 물체의 움직임도 정확하게 볼 수 있다 한다. 그리고 매는 4킬로미터나 떨어진 먼 곳에 있는 먹이도 찾을 수 있다고 한다. 남아메리카에 서식하는 콘도르는 12킬로미터 밖의 먹이도 찾는다고 하는데, 이는 시력도 좋지만 후각이 놀라울 정도로 발달했기 때문이다.

매나 수리류의 시력은 사람과 비교하면 8배 이상 좋다. 이와 같이 맹금류의 시력이 좋은 것은 눈의 구조적 특징 덕분이다. 맹금류의 눈 망막網膜에는 시세포도 많거니와 시세포가 많이 모여 있는 중심와(황반)가 두 개나 있고 상을 확대해서 볼 수 있는 구조가 있으며, 적외선으로 사물을 감지하는 능력을 가진 종류도 있다고 한다. 이처럼 매나 수리류의 신체적 구조 및 기능이 뛰어나게 발달한 것도 모두 자연에서 살아가기 위한 적응 현상이며 진화의 산물이라 하겠다.

매와 수리 등 맹금류는 다른 조류에 비해 번식력이 약하다. 특히 대형 맹금류는 보통 한 쌍이 1년에 1~3개의 알을 낳으며 그것도 매년 낳는 것이 아니고 2~3년에 한 번씩 낳는 경우가 많다. 만약 맹금류의 번식력이 강해 수가 많이 늘어난다면 먹이 피라미드가 파괴될 것이다. 먹이 피라미드의 상위에 있는 맹금류의 번식력이 약한 것도 자연계의 평형을 유지하기 위한 이치라고 할 수 있다.

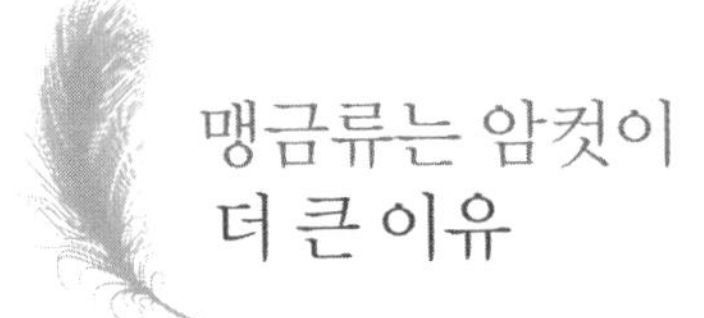

맹금류는 암컷이 더 큰 이유

맹금류는 대부분 수컷보다 암컷의 몸이 월등하게 크다. 특히 새매나 조롱이 등은 수컷보다 암컷이 1.5배 내지 2배나 크다. 그래서 암컷과 수컷의 이름을 다르게 부르기도 하는데, 예를 들면 몸이 작은 새매의 수컷은 '난추니' 라 하고 몸이 큰 새매의 암컷을 '익더귀' 라 한다.

옛날에 사냥용 매를 평가할 때 수컷보다 암컷을 좋아했는데, 이유는 암컷의 몸이 훨씬 크기 때문에 꿩, 오리, 토끼 등 큰 사냥감을 쉽게 잡을 수 있기 때문이다. 반면에 작은 새는 수컷이 더 잘 잡는다.

그런데 매나 수리 같은 맹금류는 왜 암컷이 수컷보다 클까? 여러 가지 동물 중에는 암컷과 수컷의 몸 크기에 차이가 있는 종류가 많다. 곤충류나 물고기는 대부분 수컷보다 암컷의 몸이 훨씬 큰데 그것은 몸이 커야 많은 알을 낳을 수 있고 알을 많이 낳아야 살아남는 확률이 높으며, 따라서 자손을 넓게 퍼뜨리고 종족을 유지하는 데 유리하기 때문이다. 말하자면 종족의 생존을 위한 진화 결과라고 하겠다.

그러나 포유류와 조류는 대체로 수컷이 암컷보다 몸이 크고 힘이 센 것이 많은데, 후손을 남기기 위해 암컷을 차지하기 위한 경쟁에서 몸이 크고 힘이 세어야 유리하기 때문이다. 포유류나 조류에서 수컷의 몸이 큰 이유 역시 후손을 남기기 위한 진화의 결과라 하겠다. 이와 같이 암수의 몸 크기에 차이가 있는 것은 모두 번식과 관계되는 진화 현상이라고 한다.

하지만 맹금류는 일반 조류와 반대로 수컷이 암컷보다 몸이 작은데, 그와 같은 현상도 번식에 유리하기 때문이라는 설이 있다. 매나 수리류, 부엉이와 올빼미류 등은 번식기에 알이 부화되어 새끼가 나오면 암컷은 둥지에서 새끼를 돌보고 수컷은 먹이를 구해 암컷에게 건네주며, 암컷은 수컷으로부터 먹이를 받아서 새끼에게 먹인다. 때문에 대형 맹금류는 새끼가 어릴 때 사고로 수컷이 죽으면 먹이 공급이 안 되므로 새끼는 거의 굶어 죽는다고 한다.

맹금류의 먹이가 될 수 있는 동물의 종류는 매우 많지만 실제 먹이로 많이 이용되는 동물은 개구리, 도마뱀, 쥐, 작은 새, 대형 곤충 등 대부분이 몸이 작은 종류이다. 따라서 작은 먹이를 잘 잡으려면 잡는 쪽도 비교적 몸이 작은 것이 유리하므로 먹이를 주로 잡는 수컷은 몸이 작아지는 방향으로 진화했다는 것이다. 이와 같은 설을 뒷받침하는 한 가지 증거로 맹금류 중에서도 살아 있는 동물은 거의 잡아먹지 않고 죽은 동물의 고기를 주로 먹는 독수리나 콘도르는 암수의 몸 크기에 차이가 없다고 한다.

조류뿐만 아니라 다른 육식 동물도 몸이 비교적 작아야 유리하다는 설이 있다. 한 예로 도마뱀류 중에서 몸이 가장 큰 코모도왕도마뱀은 몸길이가 2～3미터고 체중은 70킬로그램 정도인데, 화석에서 보는 옛날 조상에 비하면 몸이 많이 작아졌다고 한다. 이유는 먹이가 되는 동물이 대부분 몸이 작으므로 작은 먹이를 잡기 위해 몸이 작아졌다는 것이다. 먹이를 많이, 쉽게 잡기 위해 수컷의 몸이 작아졌다는 설은 그럴듯하고 재미있다.

잡아먹는 건 귀찮아

독수리

독수리는 분류상으로 수리과에 속한다. 수리과에 속하는 새는 전 세계에 218종(527 아종)이 있다. 우리나라에서 가장 큰 새라고 할 수 있는 독수리는 양 날개를 편 길이가 2미터 90센티미터를 넘는다. ● 우리나라에서는 수리과에 속하는 새를 모두 독수리라고 부르는 경향이 있는데, 이는 잘못된 표현으로 독수리는 오직 한 종류뿐이다. ● 독수리는 부리와 발톱 등 생김새가 매우 사납게 보여 살아 있는 동물을 잘 잡아먹을 것 같으나 의외로 온순한 새이며 살아 있는 동물은 거의 잡아먹지 않고 죽은 동물을 주식으로 한다. ● 한국에서는 겨울새로서, 몽고, 티베트 등에서 번식한 것이 편서풍을 타고 연간 전국에 약 500마리 정도가 도래한다.

납치범이 아니에요

옛날에 어머니가 밭에서 농사일을 하고 있는 사이에 들에 눕혀 놓은 잠자는 어린아이를 독수리가 채어 갔다는 말이 있어, 독수리를 공포와 증오의 새로 인식하는 사람이 많았다. 정확한 시기는 기억하지 못하지만 1970년대 초라고 생각되는데, 경상남도 김해에서 4~5세 먹은 아이를 독수리가 채어 가서 산 위에서 뜯어 먹는 것을 보았다는 소문이 신문에 보도되자, 전국의 많은 포수들이 다투어 '살인 독수리'를 잡아 죽이겠다고 야단을 피운 사건이 있었다.

당시 필자는 이 사건을 두고 〈누명 쓴 독수리〉라는 글을 신문에 기고했다. 독수리가 과연 잡아먹었을까? 필자가 아는 바로는 지금까지 독수리가 아이를 채어 가는 것을 직접 본 사람은 아무도 없으며, 4~5세 먹은 아이의 체중이 아닌 돌 지난 아이의 체중만 되어도 독수리는 거의 채어 갈 수도 없을 뿐만 아니라 독수리의 생태로 보아 절대로 그런 행동을 하지 않았을 것이다.

그럼에도 왜 독수리가 아이를 잡아먹었다는 소문이 생긴 것일까? 부리와 발톱이 날카롭고 무섭게 생겼으며 다른 동물을 잡아먹는 새를 맹금류라 하는데, 독수리는 가장 큰 맹금류로서 무척이나 사납게 보이며 동물의 고기를 먹기 때문에 아이도 능히 채어 갈 것이라는 근거 없는 추측에서 생긴 말이라 하겠다.

필자가 조사한 독수리 중에서 큰 것은 부리 끝에서 꼬리 끝까지의 몸길이가 1미터 15센티미터이고 양 날개를 편 길이는 2미터 96센티미터인 것도 있었다. 이와 같이 큰 몸에 다른 동물을 잡아먹는 습성이라면 배가 고플 때는 아이도 충분히 잡아먹을 것이라는 추측을 할 수도 있을 것이다.

아프리카의 초원에서 얼룩말, 기린, 사슴, 들소 등 종류를 가리지 않고 죽은 동물이 있으면 독수리가 몰려와서 시체를 마구 뜯어 먹는 광경을 영화나 TV를 통해 종종 볼 수 있다. 그러므로 동서양을 막론하고 독수리는 무슨 동물이든 마구 잡아먹는 사납고 악한 새라고 인식하는 사람이 많다.

독수리를 '살인하는 새' 라고 미워하게 된 원인으로는 옛날에 제작된 몇 편의 영화도 동기가 되었을 것이다. 20세기 초에 흥미 위주로 제작한 영화 중에 독수리가 사람을 채어 가는 장면이 나오며(사실은 조작이다), 이를 보았거나 이야기를 들은 사람들에게는 독수리가 잔인하고 흉폭한 살인자로 인식되어 혐오의 대상이 되었을 것이다. 때문에 20세기 초 유럽과 미국 등지에서는 흔히 독수리라고 부르는 대형 수리류를 증오하는 사람이 많아 수많은 수리류가 학살당하는 수난을 겪기도 했다.

보기와는 달리 온순한 새

독수리라는 이름은 한자로 독취禿鷲라 쓴다. 즉 대머리수리라는 뜻이다. 그래서 북한에서는 독수리를 번대수리라 부른다. 독수리의 머리에는 보통의 깃털이 아닌 솜털綿羽이 나 있으며, 뒷머리로부터 윗목은 깃털이 전혀 없고 피부가 드러나 있으므로 붙여진 이

름이다. 머리에 깃털이 없는 독수리의 생김새는 동물의 죽은 시체에서 내장을 파먹을 때 머리에 오물이 묻지 않기 위한 일종의 적응 현상이라고도 한다.

대부분의 사람들은 몸이 큰 대형 수리류는 종류를 가리지 않고 무턱대고 '독수리' 라고 부르는 경향이 있는데 이는 잘못이다. 예컨대 '검독수리' 라든가 '항라머리검독수리' 에서 검독수리는 '검+독수리' 가 아니고 '검독+수리' 로 보아야 하며, '검독' 도 '검덕' 이 와전된 것이므로 '검덕수리' 가 옳다는 것이다. 독수리라는 이름은 수많은 수리류 중에서 한 종의 이름에 불과하다. 우리나라의 수리류 중에서도 몸이 대단히 큰 대형 수리류는 독수리 외에도 참수리, 흰어깨수리, 흰꼬리수리, 검덕수리 등 여러 종류가 있다.

이들 수리류 중에서 참수리, 흰어깨수리, 흰꼬리수리는 다른 종류의 새나 개구리, 뱀, 쥐 등도 잡아먹지만 해안이나 강의 수면 위를 날아다니면서 수면에 떠오르는 큰 물고기를 주로 잡아먹으며 죽은 동물의 시체도 잘 먹는다. 특히 검덕수리는 꿩, 오리, 기러기 등의 큰 새와 쥐, 다람쥐, 토끼 등은 물론 너구리, 여우, 삵 등과 심지어는 노루나 늑대 등 상당히 큰 포유류도 잡아먹는 사나운 새이다. 몽골, 카자흐스탄 등에서는 검덕수리를 길들여 여우나 늑대 같은 모피용 동물을 잡는 사냥에 이용한다.

그러나 독수리는 새끼를 사육할 때 먹이가 부족하면 드물게 살아 있는 작은 동물을 잡는 경우는 있지만, 주로 죽은 동물의 고기를 먹으며 살아 있는 동물은 거의 잡아먹지 않는다. 독수리가 살아 있는 동물을 잡아먹지 않는 것은 사냥 능력이 거의 없기 때문이라 하겠다. 보기와는 달리 매우 온순하고 어리석은 새이다.

매나 수리류가 먹잇감을 사냥할 때는 쇠갈고리처럼 생긴 날카로운 발톱으로 먹이를 움켜잡아 죽인다. 그런데 독수리는 다른 맹금류에 비해 발톱이 다소 무디게 생겼으므로 먹이를 잡는 능력도 떨어질 수밖에 없을 것이다. 원래 발톱이 무디게 생겨 살아 있는 동물을 잘 잡지 못하는지, 살아 있는 동물을 잡지 않다보니 발톱이 무디게 된(진화된) 것인지는 알 수 없다.

필자는 오랫동안 독수리를 사육한 경험이 있다. 실험으로 세 마리의 독수리가 있는 넓은 사육장에 한 쌍의 비둘기를 함께 넣어 보았는데, 독수리 사육장에 넣은 집비둘기는 처음에는 겁을 먹고 독수리 가까이에 가지 않았다. 그렇지만 독수리가 비둘기를 습격하지 않고 별로 관심도 보이지 않자 이와 같은 환경에 익숙해진 집비둘기는 독수리 가까이에 예사로 다가갔고, 나중에는 독수리 사육장 내에서 번식하여 여러 마리로 수가 증가했으나 독수리가 비둘기를 잡아먹는 것은 보지 못했다.

그러나 죽은 비둘기를 던져 넣었을 때는 이를 뜯어 먹었다. 어떤 이의 말로는 사육하는 독수리에게 먹이를 주지 않아 배가 몹시 고플 때는 살아 있는 닭을 넣어 주면 잡아먹더라고 했다. 넓은 사육장 안에서는 비둘기가 잘 피하기 때문에 독수리가 잡지 못했고 좁은 사육장에서 닭은 피할 수가 없어 독수리에게 잡아먹혔는지 정확히 알 수는 없지만, 요컨대 독수리는 살아 있는 동물을 잡을 능력이 없어 못 잡는 것이며 능력이 있으면서 안 잡는 것은 아닌 것 같기도 하다. 어떻든 자연에서는 독수리가 살아 있는 동물은 거의 잡아먹지 않는, 아니 잡아먹지 못하는 것은 분명하다.

독수리는 언제나 썩은 고기를 잘 먹기 때문에 자연계에서는 각종 동물의 시체를 제거하여 환경을 깨끗하게 하는 청소부 역할을 하므로 자연정화의 공로자이기도 하다.

독수리가 누명을 쓴 까닭

독수리는 후각이 매우 발달한 동물이다. 대부분의 새는 시각에 비해 후각이 둔한 편이지만 독수리는 후각과 시각이 모두 대단히 발달했다. 죽은 시체를 잘 먹는 독수리나 까마귀는 특히 후각이 발달했는데, 독수리는 수 킬로미터 이상 떨어진 곳에서도 시체의 냄새를 맡고 날아오며 또 멀리서도 시체를 발견하면 바로 날아와서 뜯어 먹는다.

여기서 다시 한 번 앞서 말한 경상남도 김해의 '살인 독수리 사건'의 전말과 진위를 분석해 보자. 독수리가 산 위에서 죽은 아이를 뜯어 먹은 것이 사실이었다 하더라도, 그것은 배고픈 독수리가 아이의 시체를 발견하고 뜯어 먹었을 뿐이며 아이의 죽음과는 무관한 것으로 단정할 수 있다. 앞의 사건은 아이의 신원과 아이가 어디서 어떻게 죽었는지 또 아이의 시체가 어떻게 산 위로 옮겨졌는지를 정확히 조사하지 않고, 모든 죄를 독수리에게 덮어씌운 것이었다.

콘도르

게다가 새는 자기 체중의 반 이상 되는 무게는 갖고 날지 못한다. 독수리의 체중은 대부분 10킬로그램 미만이므로 4~5세 되는 아이를 채어 날아갈 수 없다. 옛날 아메리카 원주민들은 축제에 쓸 콘도르(독수리와 같은 대형 수리)를 잡을 때 산 위에 먹이(죽은 동물)를 놓아두고 숨어서 기다리다가 배고픈 콘도르가 먹이를 너무 많이 먹고 몸이 무거워져 날지 못할 때 생포한다고 한다. 이와 같이 독수리는 아무리 어린아이라도 채어 갈 수는 없다. 그래서 필자는 당시 〈누명 쓴 독수리〉라는 글을 신문에 기고한 것이다.

옛날 우리나라에는 호식虎食이라는 말이 있었다. 즉 사람이 호랑이(범)에게 잡아먹히는 것을 이른다. 산림이 울창하고 인구가 많지 않던 옛날에는 각종 야생 동물은 물론 호랑이도 많았다고 한다. 옛날 서양에서는 우리나라가 호랑이가 많은 나라로 알려져 있었을 정도이며, 맹수 사냥을 좋아하는 외국 부유층이 호랑이를 사냥하기 위해 한국에 오기도 했다.

그래서인지 호랑이에 관한 일화도 많다. 옛날 시골에서는 겨울철 땔감을 장만하기 위해 또는 봄철 나물을 캐기 위해 산에 갔던 사람이 호랑이에게 잡아먹히는 재앙 즉 호식 사건이 종종 발생했다고 한다. 그래서 '호랑이(범)에게 물려 갈 놈'이라는 욕설도 있었다.

산골 마을에서는 실종된 사람을 찾지 못하거나 산속에서 동물에게 뜯어 먹혀 훼손된 시체가 발견되면 거의 대부분 호랑이에게 당한 것으로 결론을 짓는 경우가 많았다. 하지만 어쩌면 그런 사건들 가운데에는 원한 관계로 인간에게 피살된 후 산속에 버려진 시체를 배고픈 호랑이나 늑대, 여우 등이 뜯어 먹은 경우도 있었을 것이다.

실제 호랑이에게 잡아먹히는 일이 간혹 일어났다 하더라도 수사 능력이 부족했던 옛날에는 호식이 아닌 사건마저도 상당수 호식 사건으로 처리했을 가능성은 충분히 있었을 법하다. 앞에서 아이의 죽음과는 무관한 독수리에게 살인범의 누명을 씌운 것처럼 말이다.

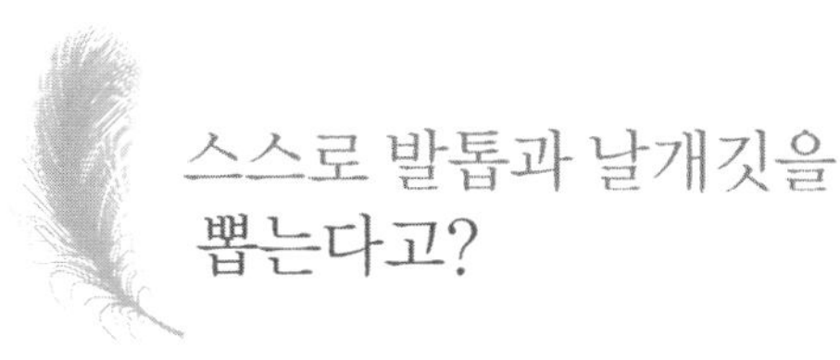

스스로 발톱과 날개깃을 뽑는다고?

독수리에 대해서 잘못 알려진 사례가 상당히 있다. 그중 하나의 예를 들면, 어느 병원의 중환자 요양실 벽에 〈독수리 이야기〉라는 글이 붙어 있었는데, 그 글을 복사해 필자에게 진실 여부를 문의한 사람이 있었다. 글의 내용은 다음과 같다.

> 독수리의 수명은 약 70년으로 매우 오래 사는 새인데 이렇게 오래 사는 이유를 주목할 만하다. 독수리는 30~40세가 되면 날카로운 부리는 무디어지고, 우아하던 날개는 거추장스러울 만큼 깃털이 무거워져서 날기 힘들게 되며, 발톱은 닳아 빠져 날카로움을 잃게 된다.
>
> 이때 독수리는 본능적으로 심각해져 '죽음의 길로 갈 것이냐' 아니면 '아프고 고통스러운 새 삶의 여정으로 쇄신할 것이냐'의 길목에서 고심에 찬 선택을 해야 한다. 새 삶을 향한 쇄신을 결심한다면, 그 독수리는 적어도 5~6개월 동안 힘들고 괴로운 과정을 감내해야 한다.
>
> 먼저 독수리는 높은 산 암벽 옆에 둥지를 틀고, 부리가 닳아 없어질 때까지 부리로 암벽을 치는 아픔의 시간을 보낸다. 부리가 다 깨어지면 새로 나는 부리를 기다리는 인내의 시간을

맞이한다.

그리고 새로 난 부리로 자기 발톱을 하나씩 빼낸다. 이 아픔의 시간을 겪고 나면 새로운 발톱이 생긴다. 그리고 마지막으로 독수리는 울창한 숲 속으로 날아다니면서 자기 날개에서 깃털을 뽑는 고통의 시간을 보낸다. 새로운 깃털이 날 때까지 쉬지 않고 날아다닌다. 이처럼 독수리는 자신의 몸 전체를 새롭게 갈아 낸 뒤에 새로운 삶을 출발하는 것이다.

한편, 독수리에 관한 비슷한 글을 《성경》에서도 볼 수 있다. 〈시편〉에 "독수리 같은 젊음을 되찾아 주신다"라는 구절이 있다. 늙은 독수리가 태양까지 날아올라 낡은 깃털을 태우고 무디어지고 굽은 부리를 벗겨 낸 뒤에 다시 생명의 샘에서 젊음을 되찾는다는 재생 신화이다. 병원의 벽에 붙은 〈독수리 이야기〉도 신화 등에 있는 내용을 더욱 과장한 것으로 보이는데, 모두 사실과는 전혀 다르다.

중병으로 신음하는 환자들은 괴롭다. 감내하기 어려운 고통은 죽음보다 못하다고도 한다. 그래서 환자들 중에는 안락사를 원하는 사람도 있고, 자살을 기도하기도 한다. 그러나 무거운 질병을 회복하려면 고통의 과정을 겪어야 하고, 무엇보다 투병 정신과 인내심이 필요하다.

〈독수리 이야기〉라는 글의 목적도 고통스러운 환자들에게 투병 정신과 인내심을 고취하기 위한 것으로 보인다. 헌데 이 글이 환자들에게 투병 의지와 인내심을 북돋는 효과는 어느 정도 있을지 모르겠으나, 글의 내용이 독수리의 생태와는 완전히 다른 어처구니없는 거짓말로 일관하고 있다는 것이 문제이다.

독수리뿐만 아니라 어떤 새도 고의로 자신의 부리를 바위에 쳐서 닳아 없어지게 하고, 스스로 자신의 발톱과 날개깃을 뽑는 그러한 행동은 하지 않는다. 환자를 위로하고 용기를 북돋겠다는 목적은 좋으나 거짓말을 해서는 안 된다. 만약 환자 중에 독수리의 생태를 잘 아는 사람이 있다면 이 글을 읽고 위로를 받고 투병 의지를 다지기보다는 기가 막히는 거짓말에 크게 실망하여 오히려 역효과가 날 수도 있을 것이다. 굳이 거짓말을 하지 않더라도 진실된 내용으로 환자를 위로하고 투병 정신을 북돋을 수 있는 이야기는 많을 것이다.

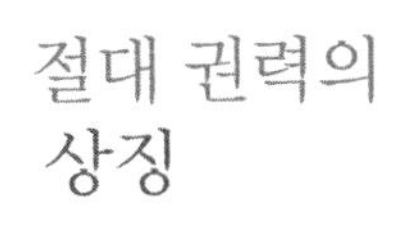

절대 권력의 상징

독수리는 예부터 권력과 권위의 상징이기도 했다. 유럽 제일의 명문가였던 합스부르크가의 상징이 독수리였고, 그들이 지배한 19세기 오스트리아 제국의 문장도 독수리였다. 그리고 고대 로마 제국, 러시아, 프랑스, 독일 등에서도 독수리를 문장으로 하는 경우가 많았다(이상에서 말하는 독수리는 그림이나 소삭품으로 볼 때, 분류상의 독수리가 아닌 참수리류 또는 검덕수리류 등의 대형 수리류이다). 미국 의회도 수리류를 상징으로 삼고 있는데 미국 의회의 상징인 수리는 검덕수리와 근연종(생물을 분류할 때 비슷한 발생 계통을 지닌 종)인 '흰머리수리' 이다.

미술사, 문화사 등에도 수리류가 많이 나온다. 조형 미술에 등장하는 수리는 머리가 두 개인 '쌍두수리' 도 있고, 커다란 공이나 큰 뱀을 무서운 발톱으로 움켜잡고 있는 것도 볼 수 있다. 머리를 두 개로 나타낸 것은 위엄을 배가하는 뜻이 있으며, 둥근 공은 세상과 우주를 가리키고 뱀은 대지를 나타내거나 악을 의미한다.

즉 세상도 움켜잡고 악을 제압할 수 있는 수리(흔히 독수리라 함)는 절대 권력의 상징이다. 그리고 수리는 높이 날아올라서 멀리까지 볼 수 있으므로 미래를 볼 수 있는 예지 능력을 가진 동물로 인식되기도 했다.

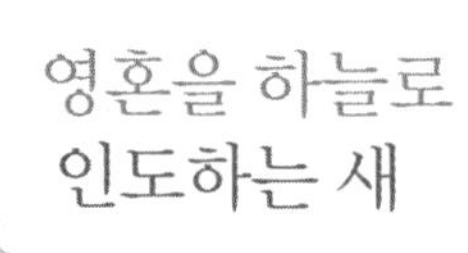

영혼을 하늘로 인도하는 새

독수리는 자연에서 거의 죽은 동물만을 먹는다(아주 드물게 새끼

돼지와 닭을 잡아먹은 사례도 있다고 하나 확인할 수 없다). 때문에 현재와 같이 각종 야생 동물의 수가 감소한 환경에서는 먹이 부족으로 항상 굶주린 상태이고 개중에는 굶어 죽는 경우도 더러 있다.

번식지인 티베트나 몽골에서는 나무가 거의 없고 바위가 많은 야산에서 소규모 무리를 이루어 생활하며, 바위나 때로는 고목 위에 나뭇가지를 모아 둥지를 만들고 한 쌍이 한 개의 알을 낳는다. 그것도 매년 번식하는 것이 아니고 2~3년에 한 번씩 번식하므로 그 수가 좀처럼 증가하지 않는다.

사람이 죽으면 독수리로 하여금 시체를 먹어 치우게 하는 장례법도 있다. 세계 여러 지역에서는 환경적, 문화적 요인에 따라 장사를 지내는 방법이 상당히 다르다. 장례법에는 매장(토장), 화장, 수장, 풍장(수상장, 폭장), 조장 등이 있는데, 인도, 네팔, 티베트 등에서 조로아스터교, 라마교, 본교(티베트의 민족 종교)의 신자들은 조장을 한다. 즉 사람이 죽으면 독수리나 까마귀 등의 새들에게 시체를 먹게 하는 장례법이 조장鳥葬이다.

조장의 방법도 교파에 따라 다소간의 차이가 있다. 티베트인들이 많이 믿는 본교는 산야의 평평한 바위에 시체를 놓고 시체를 잘게 끊고 부수어 새들이 먹기 좋게 한다. 시체를 자르고 부수는 것을 돔덴Domden이라 하는데, 이는 우리나라에서 죽은 사람을 씻기고 옷(수의)을 입히며 손발을 묶는 염殮襲이라는 의식에 해당한다. 돔덴을 전문적으로 하는 사람도 있으나 망자의 친구들이 하기도 한다.

조장에서 시체를 먹으려고 날아오는 새는 대부분이 독수리이지만 까마귀도 상당수 모여들어 시체 조각을 먹는다고 한다. 조장의 유래에 관해서는 산야에 바위가 너무 많아 시체를 묻을 곳이 마땅치 않아 생겼다는 설도 있고, 시체를 배고픈 동물들에게 보시布施하는 불교적 신앙심의 소산이라는 설도 있다. 이처럼 조장을 하는 종교에서는 독수리와 같은 새가 죽은 사람의 영혼을 사후 세계(천국)로 운반하여 준다는 믿음이 있다.

독수리는 보기와는 다르게 매우 어리석고 온순한 새이지만 사람의 시체까지도 먹는 습성 때문에 흉물스런 새로 인식되어 '살인 독수리'라는 누명을 쓰기도 한다. 그러나 독수리는 살인은 물론 어떤 살생도 거의 하지 않는 새이다.

독수리가 사람의 시체를 먹기 때문에 아이를 잡아먹는다는 근거 없는 소문의 희생양이 되는 것처럼, 인간 사회에서도 애꿎은 누명으로 미움을 사고 소외를 당하며 심지어는 억울하게 처벌을 받는 일도 없지 않을 것이다.

한편, 옛날부터 독수리 고기를 약재로 쓰며 특히 정신병에 효과가 있다고 전해지나 이는 미신이라 한다. 중국의 고전 의약서에는 독수리를 좌산조坐山鵰 또는 관조자鸛鵰子라 하여 여러 가지 질병을 치료하는 약재로 사용한다고 기술하고 있다.

독수리의 뼈를 구워서 가루로 만들어 먹으면 이뇨利尿 효과가 있고, 독수리의 목 위쪽을 불에 말려 가루로 만들어 먹으면 건위健胃 효과가 있어 소화 불량을 치료할 수 있으며, 쓸개즙은 폐결핵에 효과가 있고 쓸개즙을 눈에 넣으면 눈에 핏발이 서고 아픈 것目赤腫痛을 치료한다고 했으나 현대 의약학적으로 검증된 것은 아니다.

더 멀리, 더 빠르게, 더 높이

연중 내내 같은 지역에 사는 새를 텃새라 하며, 계절에 따라 정기적으로 위도가 다른 지역으로 멀리 이동하여 생활하는 새를 철새라 한다. 때까치나 굴뚝새는 텃새이지만 계절에 따라 같은 위도 내에서 평지와 고산 지대 사이를 옮겨 가면서 생활 지역을 바꾼다. 이와 같이 연중 같은 위도 내의 지역에 살지만, 계절에 따라 고도를 바꾸어 생활하는 새를 따로 구분하여 떠돌이새라 한다.

그리고 철새 중에서 제비, 뻐꾸기, 꾀꼬리, 뜸부기 같이 여름철에만 볼 수 있는 새를 여름새라 하는데, 여름새는 봄에 우리나라에 날아와서 번식하면서 여름을 지낸 후 가을이 되면 멀리 남쪽으로 이동해 겨울을 지내고 이듬해 봄이 되면 다시 돌아온다. 여름새의 월동지는 타이, 미얀마, 필리핀, 인도네시아 등 주로 동남아시아이지만 멀리 뉴질랜드나 오스트레일리아까지 이동하기도 한다.

한편 철새 중에서 참오리(청둥오리), 기러기류, 고니류, 저광이(말똥가리), 개똥지빠귀 등은 겨울철에만 볼 수 있으므로 이들을 겨울새라 부른다. 겨울새는 우리나라보다 북쪽 지역 주로 유라시아 대륙의 북부에서 번식하여 지내다가 가을철 우리나라에 날아와서 겨울을 지내고 다음해 봄이 되면 다시 북쪽 번식지로 돌아간다.

그리고 철새 중에서 많은 종류의 도요류와 물떼새류, 제비갈매기, 벌매, 왕새매, 꼬까멧새 등은 봄과 가을 이동 시 우리나라를 통과할 때만 볼 수 있는데, 이와 같은 새를 나그네새 또는 통과조라 한다. 나그네새의 번식지는 대부분 겨울새의 번식지와 같은 유라시아 대륙의 북부 또는 북극권 부근이고, 월동지는 여름새의 월동지와 같은 동남아시아, 인도, 오스트레일리아 등이다.

새의 이동 거리

멀리 이동하는 새는 모두 철새이다. 북반구에서 철새들은 언제나 남북 사이를 정기적으로 이동하는데, 번식지는 반드시 북쪽이고 월동지는 남쪽이다. 그렇다면 철새들은 얼마나 먼 거리를 이동하는 것일까?

철새 중에서도 가장 먼 거리를 이동하는 것으로 유명한 극제비갈매기는 시베리아, 북아메리카 북부, 그린란드 및 유럽의 북극권 등에서 번식한 후, 7월이 되면 유럽의 서안을 따라 남하해 아프리카 서안을 거쳐 남극 대륙 부근에서 월동하고 다음해 5월 하순경 번식지에 다시 돌아간다. 한 해에 3만 5,000킬로미터 이상을 이동하므로 지구를 한 바퀴 도는 셈이다.

봄가을에 우리나라를 많이 통과하는 제비갈매기도 상당히 먼 거리를 이

제비갈매기　　　　노랑발도요

동한다. 제비갈매기는 유라시아 대륙의 북부 및 중부와 북아메리카 북부 등에서 번식하며, 오스트레일리아와 아프리카 남부 및 남아메리카 등에서 월동한다. 우리나라를 통과하는 제비갈매기는 시베리아 등 유라시아 대륙의 북부에서 번식한 것이며 주로 오스트레일리아에서 월동한다.

노랑발도요도 멀리 이동하는 새이다. 노랑발도요는 주로 시베리아 북동부에서 번식하여 상당수는 가을철 우리나라를 거쳐 인도네시아 및 오스트레일리아까지 이동하여 월동한다.

먼 거리를 쉬지 않고 논스톱으로 이동하는 새도 많은데, 송신기를 부착해 날려 보내는 연구에 의하면 900킬로미터를 단숨에 날아간 황조롱이도 있고, 1,600킬로미터를 쉬지 않고 날아간 매의 종류도 있다 한다.

새의 나는 속력

가장 빠른 새는 '눈 깜작할 새'라는 우스갯소리가 있다. 그렇다면 실제로 새는 얼마나 빨리 날 수 있을까? 새가 나는 속력은 옛날부터 많은 사람들에게 호기심의 대상이었다. 새가 나는 속력은 종류에 따라 큰 차이가 있고, 같은 종류라도 일상적으로 날아다닐 때와 멀리 이동할 때 그리고 최고 속력을 낼 때가 각기 다르다.

주변에서 흔히 볼 수 있는 새 중에서 빨리 나는 새로는 제비와 매를 꼽을 수 있다. 제비는 평소에는 시속 50~60킬로미터 정도의 속도로 이동하지만, 멀리 날 때는 시속 100킬로미터 정도로 날며 최고 속력은 시속 200킬로미터까지 낼 수 있다 한다.

칼새도 대단히 빨리 나는 새로서 제비보다 훨씬 빨리 날 수 있다. 칼새는 생김새가 제비를 닮았으나, 분류상으로는 참새목에 속하는 제비와는 멀고 칼새목에 속하는 벌새와 오히려 가깝다. 그렇지만 생김새가 제비와 닮았으므로 칼새류를 한자명으로 우연雨燕이라 하며, 제비의 한 종류로 취급한 적도 있다. 칼새류 중에는 그 둥지를 수프로 만들어 먹는 것이 있는데 바로 중국 요리 가운데 유명한 제비집요리(연와탕)이다.

칼새는 날개가 튼튼한 반면 다리는 아주 연약하여 잠을 잘 때와 알을 품을 때 외에는 항상 공중을 날아다니며, 교미를 할 때도 공중을 날면서 한다. 칼새는 보통 날아다닐 때는 시속 100킬로미터 정도이나 최고 속력은 시속 300킬로미터까지 낼 수 있다 한다.

제비 칼새 매

새 중에서 가장 빨리 나는 새는 매이다. 매는 평소에는 시속 60킬로미터 정도로 날지만 사냥할 때는 시속 300킬로미터 이상을 낸다. 공중에서 먹이를 발견하고 급강하할 때의 최고 속력은 시속 400킬로미터를 넘는다고 한다.

새는 주로 멀리 이동할 때 빨리 나는 편인데, 일반적으로 알려진 이동 시의 속력은 백로류는 시속 32킬로미터로 매우 느린 편이며 대부분의 오리류는 시속 70~95킬로미터이고 도요류는 시속 65~80킬로미터 정도라고 한다.

새의 나는 고도

새는 얼마나 높이 날 수 있을까? 새는 일상생활을 할 때는 높이 날지 않으나 주로 이동할 때는 상당한 고도를 취한다. 새들이 보통 날아다닐 때는 지상이나 수면 위를 아주 낮게 나는 수도 있지만 대체로 지상 50~100미터 높이로 나는 경우가 많다. 그러나 먼 거리를 이동할 때는 수백 미터 이상, 때로는 1,000미터 이상의 높이로 나는 경우도 있으며 특히 높은 산을 넘을 때는 엄청나게 높이 날기도 한다.

특별히 높이 난 새에 관한 기록은 새에 관심이 있는 비행사나 등산가에 의해 보고된 것이 많다. 예를 들면 펠리컨(사다새)과 기러기류가 해발 2,400미터 이상의 높이로 나는 것이 기록되었고 황새와 마도요 및 흑꼬리도요가 해발 6,000미터에서 관찰되었으며, 1921년 에베레스트 등반대가 해발 7,200미터가 넘는 높이에서 수염수리를 보았다는 기록이 있다. 그 외에도 해발 8,700미터 이상의 높이로 날아가는 기러기와 히말라야의 마나슬루봉(해발 8,125미터)을 넘는 흑두루미를 기록한 예도 있다.

새의 나는 높이는 밤과 낮, 바람의 강약 등에 따라서도 차이가 있다. 밤에는 낮보다 낮게 날고 바람이 셀 때는 낮게 날며, 바다를 건널 때도 대체로 낮게 나는데 이는 바다의 상승 기류를 이용해 에너지를 절약할 수 있기 때문이다.

소쩍새

소쩍새와 두견이

옛날부터 시가에 가장 많이 등장하는 새로서 소쩍새와 두견이를 들 수 있다. 소쩍새와 두견이는 완전히 다른 종이고 생김새와 울음소리도 다르지만, 둘 다 어두운 밤에 울고 모두 구성진 소리를 내기 때문에 이 두 종류를 혼동하는 사람이 많다. ● 소쩍새와 두견이 모두 여름새로서 5월경 우리나라에 날아온다. ● 소쩍새는 올빼미과에 속하며 먹이는 주로 곤충이지만 작은 새나 쥐, 도마뱀도 잘 잡아먹으며 고목의 구멍에서 번식한다. ● 두견이는 두견이과에 속하며 송충이 등 나방의 애벌레를 주식으로 한다. 두견이는 뻐꾸기와 매우 닮았으며, 휘파람새와 솔새 등의 작은 새 둥지에 한 개씩 알을 낳아 맡기고는 스스로 새끼를 기르지 않는다.

밤에 우는 새

고려의 문신 이조년의 옛시조 "이화에 월백하고 은한이 삼경인제 / 일지춘심을 자규야 알랴마는 / 다정도 병인 양하여 잠 못 들어하노라"에서 자규子規는 소쩍새를 말한다.

고요한 달밤에 들려오는 소쩍새의 구슬픈 울음소리가 하도 처량하여, 그리움에 애타 잠 못 이루는 심정을 소쩍새가 알아주는 듯해 읊조린 넋두리라고도 할 것이다.

새가 우는 것(지저귐)은 번식기에 주로 수컷이 암컷을 부르는 수단이다. 드물지만 암컷도 수컷과 함께 지저귀는 종류가 있고, 일처다부형의 번식을 하는 새는 수컷은 거의 울지 않으나 암컷이 수컷을 부르는 울음소리를 낸다.

소쩍새는 밤에 우는 새이다. 밤에 우는 새는 많지 않으나, 그 중 유럽산의 나이팅게일(밤울새)이 아름다운 소리로 유명하다. 지빠귀과에 속하며 몸길이 17센티미터 정도의 다갈색 수수한 빛깔의 작은 새인 나이팅게일은, 낮에도 울지만 밤에 고운 소리로 잘 울기 때문에 유럽에서는 옛날부터 시가에 많이 등장한다.

사람 이름에도 나이팅게일이 있다. 나이팅게일(1820~1910)은 1854년 크림 전쟁 때 최초의 종군 간호사가 되어 아군과 적군을 가리지 않고 전장에서 부상한 장병들을 간호했다.

사람들은 '크림의 천사' 라는 말로 칭송했으며, 나이팅게일의 박애 정신은 적십자 운동으로 이어진다. 그녀의 이름을 따서 1907년 창설된 '나이팅게일상' 은 국제적십자사가 훌륭한 간호사에게 주는 상이다.

밤에 우는 새는 대부분 밤에 활동하는 소위 야행성 조류이다. 우리나라에도 밤에 잘 우는 새가 몇 종류 있다. 소쩍새는 여름철 해가 질 무렵, 또는 흐린 날에는 낮에도 간혹 울지만 주로 한밤중에 많이 운다. 올빼미나 수리부엉이 역시 이른 아침이나 저녁 무렵에도 간혹 울지만 주로 밤에 운다.

올빼미는 3~4월 봄철에 울음소리를 들을 수 있는데 '우오-오- 우오-' 하고 들리는 소리가 기분이 좋지 않으므로, 옛날에는 올빼미가 마을에 내려와서 울면 흉사가 생긴다는 말도 있었다.

수리부엉이는 한겨울의 얼어붙는 듯한 차가운 밤에 '부-엉 부-엉' 또는 '부- 부-' 하는 음산한 소리로 운다. 수리부엉이가 겨울밤에 우는 것은 이 새의 번식기가 11~2월의 겨울철이기 때문이다.

두견이와 호랑지빠귀는 야행성은 아니지만 해가 질 무렵이나 밤에도 잘 우는데, 특히 달 밝은 밤에 곧잘 운다. 밤에 우는 새소리는 나이팅게일처럼 대단히 아름다운 것도 있지만, 대부분은 구슬프고 애절하거나 음울하고 기분 나쁘게 들리는 것이 많으며 때로는 공포감을 자아낸다.

꽤 오래된 일인데, 초여름 산기슭에 있는 외딴집 뒤 숲에서 밤마다 음침하고 기분 나쁜 소리가 들리므로 귀신이 나오는 것 같다는 소문이 있었다. 필자가 현장에 가서 확인한 후 그 소리의 주인공이 '호랑지빠귀' 라는 새임을 밝혀 준 일이 있었다.

호랑지빠귀

여름 철새인 호랑지빠귀는 5~6월 흐린 날 또는 저녁 무렵이나 달 밝은 밤에 숲 속에서 '히- 히이이-' 혹은 '피- 피이이-' 하는 기분 나쁜 낮은 소리로 운다. 호랑지빠귀의 정체를 모르는 사람이 만약 으스름달밤에 숲 속을 걷다가 이 새의 울음소리를 들으면 으스스하고 등골이 오싹해질 정도로 기분이 나쁠 것이다.

일본의 전설에는 누에ヌエ라고 불리는 밤에 나오는 괴물이 있는데, 머리가 원숭이 같고 몸은 너구리를 닮았으며 꼬리는 뱀처럼 생겼고 발은 호랑이 같다고 한다. 호랑지빠귀의 울음소리가 너무 기분 나쁘고 밤에 들으면 공포감까지 자아내므로, 일본에서는 호랑지빠귀의 별명을 '누에' 라 한다.

수년 전 여름철 경기도의 어느 교외 풀숲에서 밤마다 '구-악 구악 콱-' 하는 괴상한 큰 소리가 들려 사람들의 의심을 자아냈는데, 필자는 그 소리가 극히 드물게 보이는 여름새 또는 길잃은

새인 '흰배뜸부기' 의 울음소리라고 확인했다.

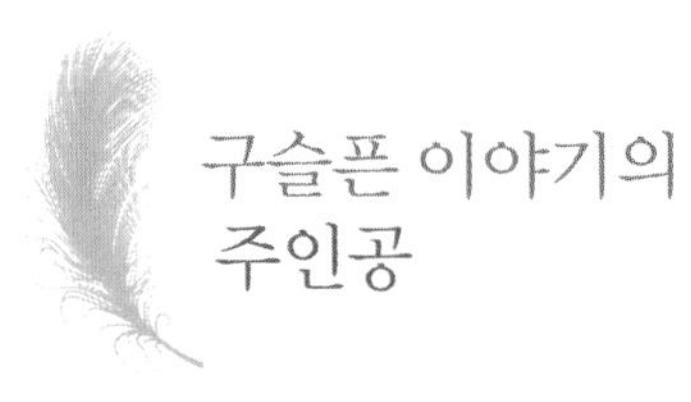

구슬픈 이야기의 주인공

밤에 들리는 새소리는 대부분 울음소리 자체가 명랑하지 못한 탓도 있겠지만, 듣는 사람의 심정에 따라 느낌을 달리할 것이다. 다른 사람들은 모두 잠든 적적한 밤에 잠을 이루지 못하고 새소리를 듣는 사람이라면, 아마도 번민이 있거나 몹시 슬프거나 또는 어떤 심각한 사색에 잠겨 있는 사람일 가능성이 크다. 그러한 사람의 감정으로는 설령 고운 소리라 하더라도 명랑하고 기분 좋게 들릴 리 없을 것이다.

만물이 쥐 죽은 듯 고요한 산골의 적막한 밤에 들려오는 소쩍새의 울음소리와 그 리듬은 누가 들어도 처량하고 청승맞다. 때문에 소쩍새의 울음소리는 옛날부터 시가와 전설에 많이 등장하며 그 내용도 대부분 구슬프다.

앞서 이조년의 시조에서 나온 자규 외에도 소쩍새의 별명은 대단히 많다. 옛날 중국 촉나라의 왕 망제望帝의 죽은 넋이 붙은 새가 소쩍새라는 전설에서, 이 새를 망제望帝 또는 망제혼望帝魂, 촉혼蜀魂, 촉백蜀魄, 촉조蜀鳥, 귀촉도歸蜀道, 불여귀不如歸 등으로 불렀다.

또 촉나라 망제의 이름을 따서 두우杜宇 또는 두백杜魄이라고도 하고 겹䳚, 제鶗, 결鴂, 제결鶗鴂이라 부르기도 한다.

그리고 소쩍새의 울음소리를 멀리서 들으면 '솥적다 솥적다' 혹은 '소쩍당 소쩍당' 아니면 '소쩍꿍 소쩍꿍' 또는 '접동 접동' 등으로 들린다 하여 이 새를 솥적다새, 소쩍당새, 소쩍꿍새, 접동새, 접동이라고도 한다. 같은 새를 두고 참으로 별명이 많다.

옛날 어느 산골의 조그맣고 매우 가난한 집에 갑자기 많은 손님이 찾아왔다. 마음씨 고운 주인은 밥을 지어 대접하고 싶었으나 갖고 있는 솥이 너무 작아 밥을 짓지 못해 손님을 대접하지 못했다. 그래서 늘 가슴 아파했으며, 죽은 후에도 그 일을 잊지 못한 넋이 소쩍새가 되어 밤마다 '솥적다 솥적다' 하고 운다는 전설도 있다.

헌데 두견이라는 새도 밤에 잘 울며 그 울음소리 또한 처량하기 그지없다. 그러므로 두견이도 옛날부터 시가와 전설에 많이 등장했고, 지금도 라디오나 TV 드라마에서 쓸쓸하거나 처량한 밤의 정경을 나타낼 때 소쩍새와 더불어 두견이의 울음소리를 효과음으로 많이 사용한다. TV 화면을 그대로 보거나 라디오 드라마의 이야기만을 듣는 것보다 이들 새소리로 분위기를 살리는 음향효과는 대단히 크다.

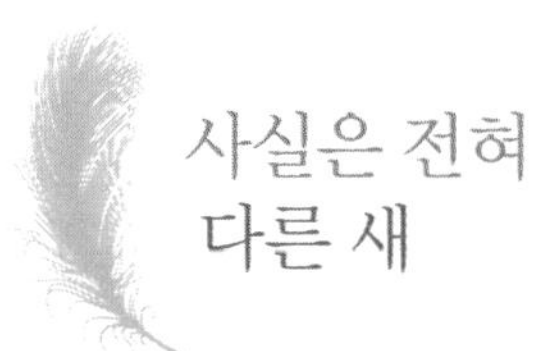

사실은 전혀 다른 새

옛날부터 소쩍새와 두견이를 혼동하는 사람이 많다. 분류상으로 보면 소쩍새는 올빼미목 올빼미과에 속하며 두견이는 두견이목 두견이과에 속한다. 이 두 새의 차이를 포유류에 비교한다면 아마도 개와 염소 또는 고양이와 토끼만큼 차이가 크다 하겠다.

소쩍새와 두견이는 생김새뿐만 아니라 울음소리도 전혀 다르다. 소쩍새의 울음소리는 '소쩍꿍 소쩍꿍' 또는 '쪼꽁 쪼꽁' 하는 듯 들리지만, 두견이의 울음소리는 '쭉쭉쭉쭉쭉 쭉쭉쭉쭉쭉' 또는 '켓켓갯갯켓 켓켓갯갯켓' 하고 무엇을 게워서 토하는 소리처럼 들리기도 한다(두견이의 암컷은 잘 울지 않으나 간혹 '삐삐 삐삐

두견이

소쩍새

삐' 라는 소리를 낸다). 두견이의 울음소리를 재미있게 표현하여 '쪽박 바꿔 줘, 쪽박 바꿔 줘' 하면서 운다고 하는 말도 있다.

소쩍새와 두견이의 형태와 생태, 울음소리 등이 서로 너무나 다름에도 불구하고 이 두 종류의 새를 곧잘 혼동하는 것은 두 종류가 모두 밤에 울고 울음소리가 처량하게 들린다는 공통점 때문일 것이다. 그리고 밤에는 울음소리의 주인공을 눈으로 보고 식별할 수 없었을 것이고, 또 소쩍새의 별명이 너무 많아서 각각의 이름이 소쩍새를 말한 것인지 두견이를 말한 것인지 분간하기도 어려웠을 것이다.

여러 노래와 옛글에 등장하는 소쩍새와 두견이라는 이름은, 그것이 소쩍새를 말한 것인지 두견이를 말한 것인지 애매한 경우가 많다. 아마도 글의 작자가 밤에 들리는 구슬픈 새의 울음소리를 소쩍새인지 두견이인지 구분하지 못하고 옛날부터 전해 오는 소쩍새 또는 두견이의 명칭을 인용했을 가능성이 높다.

이와 같이 추측하는 근거는 여러 곳에서 찾아 볼 수 있다. 지금은 대부분의 우리말 사전에 소쩍새와 두견이를 다른 종류의 새로 구분해 설명하고 있지만, 예전에 출판된 우리말 사전과 동물에 관한 서적 등에는 소쩍새를 두견이의 별명이라 했다. 즉 소쩍새와 두견이를 이명동종異名同種의 같은 새라 했으며 따라서 앞에 기록한 소쩍새의 여러 가지 별명도 두견이의 별명으로 취급하고 있다.

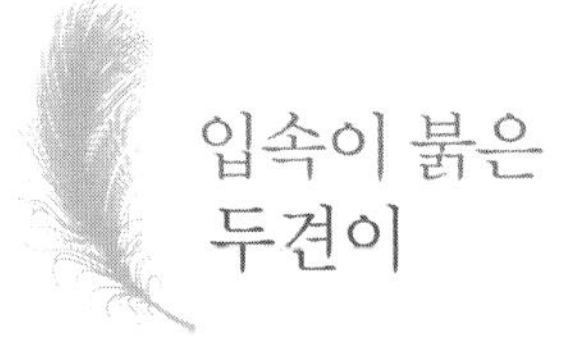

입속이 붉은 두견이

옛말에 '소쩍새는 피를 토하면서 죽을 때까지 운다' 라는 말이 있는데 이는 소쩍새의 입속이 몹시 붉고 울음소리가 오랫동안 계속되기 때문에 생긴 말이라 한다. 사실 두견이의 입속은 핏빛 같은 진홍색이지만 소쩍새의 입속은 붉지 않고 짙은 살색이므로 두 새를 혼동한 것이라 하겠다.

또 속담에 '두견이 목에 피 내어 먹듯' 이란, 남에게 억울한 일이나 못할 짓을 해서 재물을 빼앗음을 이르는 말이라 하는데 이는 잘못된 풀이라 하겠다. 두견이의 입속이 핏빛처럼 붉고 울음소리가 무엇을 토해서 도로 삼키는 것처럼 '켓 켓 켓' 하고 들리므로 '피를 토할 만큼 억울한 일을 당한 사람을 두고 이르는 말' 로 해석하는 것이 옳을 것이다. 즉 남에게 몹쓸 피해를 준 사람을 두고 하는 말이 아니라 억울하게 피해를 받은 사람을 두고 이르는 말이라고 해석해야 할 것이다.

두견이는 입속이 유난히 붉으므로 어쩌다가 이를 본 옛사람들은 '두견이는 피를 토하여 도로 삼킨다' 라는 말도 했으며, 진달래꽃의 별명을 '두견화' 라 부르는 것도 꽃의 빛깔이 두견이 입속처럼 붉기 때문이라는 설도 있다.

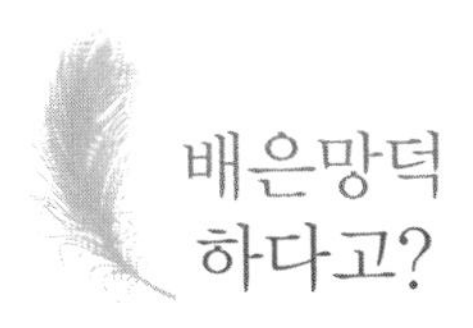

배은망덕 하다고?

두견이도 소쩍새처럼 여름철에 도래하는 철새이며, 곤충을 주식으로 하는데 특히 송충이 같은 털이 많은 나방의 애벌레를 즐겨 먹는다. 과거 송충이가 많았을 때는 두견이, 뻐꾸기 등도 많았으나 농약의 살포 등으로 송충이가 줄어들자 두견이과의 새들도 많이 감소했다.

또 두견이과의 새는 대부분 스스로 둥지를 만들지 않고 자신보다 작은 새의 둥지에 알을 한 개씩 낳아 맡기는데 이를 탁란托卵이라 한다(두견이과의 새 중에서도 어리뻐꾸기는 탁란하지 않는다). 두견이, 뻐꾸기와 같은 탁란하는 새의 알은 부화된 후 즉시 같은 둥지에 있는 다른 새의 알이나 새끼를 둥지 밖으로 밀어내어 죽게 하고, 혼자서 먹이를 받아먹고 자란 후 날아간다.

이와 같은 두견이과 새들의 새끼가 자라는 과정을 인간의 관점에서 평가한다면 천하에 용서 받지 못할 배은망덕한 행동이라 하겠으나, 생태계의 평형 유지라는 측면에서 볼 때는 소형 새들의 과도한 번식을 억제하는 자연의 오묘한 섭리라고도 할 수 있을 것이다.

사람들이 흔히 말하는 부엉이(부엉새)의 정확한 이름은 수리부엉이다. 올빼미과의 새 중에서는 가장 큰 종류로서 양 날개를 편 길이가 약 1미터 50센티미터 정도이다. • 수리부엉이는 11월부터 2월 사이의 추운 겨울이 번식기인데, 암벽의 선반처럼 생긴 곳 또는 바위 밑 때로는 나무둥치 옆의 땅 위에 산란하는 텃새이다. • 먹이는 쥐, 비둘기, 꿩, 토끼, 물고기 등 다양하다. 밤에 활동하는 야행성 조류로서 낮에는 높은 나뭇가지나 바위 위에서 쉰다. • 수리부엉이의 울음소리는 '부엉, 부엉' 하고 운다지만 실제로 들어 보면 '부– 부– 부–' 하는 낮고 음침한 소리로 들린다. 올빼미도 밤에 우는데, 수리부엉이와는 전혀 소리가 다르지만 밤에는 새를 볼 수 없으므로 두 새를 혼동하는 사람이 많다.

부엉이

밤에는 내가 제일 세

수리부엉이

'부엉이' 는 없다

부엉이라는 새도 시가나 속담 등에 많이 등장하지만, 분류상으로 일컫는 우리말 새 이름 중에 그냥 '부엉이' 라고 부르는 것은 없고 쇠부엉이, 칡부엉이, 수리부엉이 등이 있다. 옛날부터 보통 부엉이 또는 부흥이, 부엉새라고 불리는 것은 '수리부엉이' 를 말한다. 우리 가요에 "어머님의 손을 놓고 떠나올 때에 부엉새도 울었다오 나도 울었소…" 라는 가사 구절에 나오는 부엉새도 역시 수리부엉이를 뜻한다.

수리부엉이는 부엉떡새, 수알치새, 각치角鴟, 괴치怪鴟, 곡록응轂轆鷹, 야묘夜猫, 야묘자夜猫子, 치휴鴟鵂, 목토木兎, 치효鴟梟, 모치茅鴟, 휴류鵂鶹, 묘아두猫兒頭, 묘두응猫頭鷹 등 많은 별명이 있다. 별명 중 야묘란 '밤 고양이' 라는 뜻인데 올빼미의 별명도 역시 야묘라 한다. 수리부엉이나 올빼미의 머리가 고양이 머리를 닮았고 밤에 활동하면서 고양이처럼 쥐를 잘 잡아먹기 때문에 붙은 별명이다.

밤의 제왕

수리부엉이는 야행성이므로 주로 밤에 활동하고 낮에는 거의 활동하지 않는다. 그리고 야행성 조류의 특징으로 눈이 대단히 크다. 거의 소눈牛眼만큼이나 큰 부리부리한 눈이 사람처럼 두 눈 모두 앞쪽을 향하고 있는데, 이는 사물의 거리를 정확하게 판단할 수 있는 유리한 구조이다. 또 다른 동물을 잡아먹는 맹금류이므로 날카로운 갈고리처럼 생긴 큰 부리로 먹이의 껍질과 살을 찢고 뜯어 먹기에 알맞으며, 튼튼한 발과 쇠갈고리처럼 생긴 긴 발톱으로 먹이를 움켜잡아 죽이기에 알맞다. 매류, 수리류, 올빼미류 등 많은 맹금류 중에서 몸의 크기가 비슷할 경우 수리부엉이를 대적할 상대는 없을 것이다.

수리부엉이는 밤에 먹이를 찾아다니므로 청력(듣는 능력)도 대단히 발달하여 멀리서 나는 아주 작은 소리까지 감지할 수 있다. 수리부엉이뿐만 아니라 올빼미과의 새는 좌우 귀(귓구멍)의 위치가 서로 비대칭으로 어긋나 있는 것이 특징이다. 즉 오른쪽 귀가 왼쪽 귀보다 위치가 높고 훨씬 크다. 이와 같은 구조는 상하에서 들려오는 모든 소리를 감지하는 데 유리하다고 한다. 올빼미과에 속하는 새의 청력이 얼마나 예민한가를 알 수 있는 예로, 아메리카의 초지草地에 사는 굴올빼미는 밤에 보이지는 않으나 수십 미터 떨어진 곳에서 귀뚜라미가 땅에 구멍을 파는 소리를 듣고 정확하게 날아가서 잡아먹는다고 한다.

또 미국의 큰회색부엉이는 수십 미터 밖의 풀숲에서 들쥐가 움직이는 작은 소리만 듣고도 날아가서 정확하게 잡으며, 북극권에 사는 흰올빼미는 50센티미터 이상 쌓인 눈 밑에 굴을 파고 다니는 나그네쥐의 움직이는 작은 소리를 감지하여 잡아먹는다고 한다.

수리부엉이

이와 같이 올빼미과에 속하는 새의 청력이 뛰어난 것은 좌우 귀의 위치가 어긋나 있고 얼굴의 구조가 소리를 모으기에 알맞게 생겼을 뿐만 아니라, 얼굴에 나 있는 빳빳한 깃털이 소리를 반사시켜 귀에 전달하기 때문이다. 또 올빼미과의 새는 머리를 좌우로 270도까지 회전할 수 있으므로, 가만히 앉아서도 머리만 조금 움직이면 전후좌우를 맘대로 볼 수 있고 어느 곳에서 들려오는 작은 소리라도 정확히 들을 수 있다고 한다.

그리고 다른 동물을 잡기 위해 어둠 속을 빠르게 날 때 공기와 날개깃의 마찰음이 생기지 않게 날개깃 겉면이 융단처럼 부드러운데, 이와 같은 구조는 전투기와 같은 항공기 제작에도 응용되고 있다. 그 외에도 여러 가지 몸의 구조가 야행성 맹금류로서 유리한 조건을 모두 구비하고 있다.

수리부엉이는 다른 새와는 달리 번식기가 겨울철(11~2월)이므로 늦가을부터 겨울 사이의 밤중에 '부– 부–' 또는 '부엉– 부엉–' 하고 멀리까지 들리는 음산한 울음소리로 짝을 찾는데, 새끼에 대한 애정도 대단히 강하다.

필자가 잘 아는 사람 가운데 새를 무척 좋아하는 보 씨는 옛날 시골에 있을 때 산에서 수리부엉이의 둥지를 발견하고 어린 새끼를 집으로 가지고 와서 사육하려 했는데, 밤만 되면 어미 새가 집 가까이 날아와서 큰 소리로 우는 바람에 이웃 어른들로부터 야단을 맞고 수리부엉이의 새끼를 둥지가 있는 곳에 도로 갖다 놓았다 하였다. 헌데 이상한 것은 자기가 살던 집과 부엉이 둥지가 있는 곳과는 거리가 1킬로미터 이상 떨어져 있고 새끼를 가지고 올 때 어미 새가 따라오지도 않았는데, 어떻게 새끼가 있는 곳을 알아내어 밤마다 찾아왔는지 알 수가 없다고 했다.

이는 어미 새가 멀리서나마 새끼를 갖고 가는 것을 보았을 것이고, 또 수리부엉이의 청력이 대단히 좋기 때문에 새끼가 내는 작은 소리를 멀리서도 들을 수 있어 새끼가 있는 곳을 찾아온 것이라 할 수 있겠다.

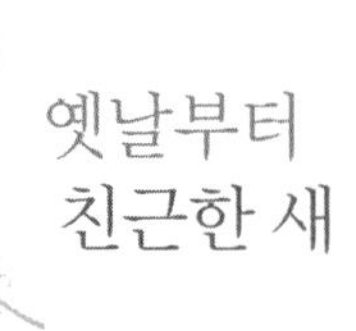

옛날부터 친근한 새

수리부엉이는 생김새와 생태가 특이하고, 옛날부터 산골에서 흔히 볼 수 있는 큰 새였기 때문에 속담과 일화에 자주 나온다.

부엉이 방귀 같다 : 잘 놀라는 사람을 두고 이르는 말. 부엉이 즉 수리부엉이가 제 방귀에도 잘 놀란다는 데서 나온 말이라는데, 사실인즉 수리부엉이는 방귀를 뀌지 않는다. 설령 항문을 통해서 약간의 가스가 배출된다 하더라도 소리가 나지 않으며, 제 방귀에 놀라는 동물은 없으므로 착각에서 비롯된 것 같다.

수리부엉이나 올빼미는 밤에만 사물을 볼 수 있고 낮에는 눈이 보이지 않으므로 사람이 다가가서 잡아도 날아가지 않는다는 말이 있으나 이는 거짓말이다. 실제로 산에서 수리부엉이나 올빼미를 만나서 접근하면 청력이 대단하여, 멀리서 나는 발자국 소리만 듣고도 경계 태세를 취하다가 어느 정도 접근하면 곧 날아갈 뿐만 아니라 숲 속 나뭇가지 사이를 자유자재로 날아간다.

이는 올빼미과의 새가 주로 밤에 활동하지만 낮에도 사물을 능히 볼 수 있음을 말해 준다. 올빼미과의 새는 눈의 망막에 있는 시세포視細胞 중 밝은 빛에 예민하고 색깔을 구분하는 추세포錐細胞는 발달하지 않았으나(거의 없으나), 약한 빛에 예민하고 명암과 형상을 구분하는 간세포桿細胞는 대단히 발달했다. 그리고 망막의 뒤쪽에 빛을 모으는 반사층이 있어서 아주 어두운 곳에서도(인간은 느끼지 못할 정도의 작은 빛만 있으면) 사물을 잘 볼 수 있으며, 밝은 곳에서도 색깔은 구분 못하지만 사물을 충분히 볼 수 있다.

아마도 앞서 말한 속담은 수리부엉이가 경계심이 많기 때문에 생겼을 것이다. 수리부엉이는 바위나 큰 나무 위에 가만히 앉아 있다가 무슨 소리가 나면 곧 경계 태세를 취한다. 조그마한 소리에도 왕방울 같은 큰 눈을 두리번거리면서 좌우로 이리지리 머리를 돌려 살피는데, 이러한 행동을 본 옛사람들이 부엉이가 조그마한 소리(제 방귀)에도 잘 놀란다고 생각했을 것이다.

부엉이 소리도 제가 들으면 좋다 : **자신의 약점을 모르고 제가 하는 일은 다 좋다고 생각하는 사람을 두고 이르는 말.**

이 속담은 부엉이의 울음소리가 결코 듣기 좋은 소리가 아니기 때문에 생긴 말이다. 음산하다고 할까 음울하다고 할까, 냉기가 서리는 한겨울의 밤중에 들리는 부엉이 울음소리를 듣기 좋다고 할 사람은 없겠지만 소리를 내는 부엉이들에게는 나쁜 소리가 아닐 것이다. 제 것과 제가 하는 일은 안 좋은 것도 좋게 생각하는 것이 인간의 속성이다. 유사한 속담으로 '고슴도치도 제 새끼는 함함하다(털이 보드랍고 반지르르하다)고 한다' 라는 말이 있다.

부엉이 셈 : **어리석고 우둔해 이해타산이 분명하지 않음.**

부엉이는 생김새가 다른 새에 비해 날씬하지 못하다. 뚱뚱하고 투박하며 커다란 머리에 눈이 유난히 크므로 어리석고 바보처럼 보였을 것이다. 그러나 실제로 부엉이의 여러 가지 행동을 보면 영리한 점이 많다.

부엉이 집 만났다, 부엉이 집 얻었다 : 조그마한 횡재를 했음을 이르는 말.

요즘은 이 속담을 쓰는 사람도 거의 없거니와 그 유래를 아는 사람은 더더욱 없을 것 같다. 수리부엉이는 번식기가 겨울철이다. 보통 11~12월에 산란하며 1~2월 눈발이 날리는 몹시 추운 겨울철에 알에서 새끼가 깨어 나오는데, 암컷은 새끼를 품어 주고 보호하며 수컷이 잡아 온 먹이를 잘게 찢어서 새끼에게 먹인다. 먹잇감은 쥐, 두더지, 청설모, 멧비둘기, 꿩, 들오리, 멧토끼, 큰 물고기 등이다. 새끼가 상당히 자란 후에는 암컷도 사냥을 하지만 새끼가 어릴 때는 암컷은 둥지에서 새끼를 돌보고 수컷만 사냥을 한다. 그러므로 새끼가 어릴 때 만약 수컷이 사고로 죽으면 새끼들은 굶어 죽는다.

고기를 먹기 어렵던 예전에 가난한 시골 농부가 땔감을 구하기 위해 산으로 나무하러 갔다가 우연히 수리부엉이 둥지를 만나면, 새끼에게 먹이려고 잡아 놓은 꿩이나 토끼 등 생각지도 않았던 고기를 얻을 수 있었으므로 작은 횡재라고 하여 '부엉이 집 만났다' 라는 속담이 생긴 것이다.

필자가 수리부엉이 둥지를 여러 개 조사해 본 경험에 의하면, 산속 암벽의 움푹 들어간 곳 또는 산허리에 있는 바위 밑이나 드물게는 큰 나무 밑동 가까이에 둥지를 만든다(외국에서는 고목의 큰 구멍이나 수리류의 헌 둥지에 산란한 예도 보고되었다). 둥지 재료는 거의 쓰지 않고 땅 위에 달걀 크기의 흰 알을 2~3개 낳는다. 약 35일 동안 포란 후 부화한 새끼는 흰 솜털로 덮여 있으나 점점 자라면서 거무스름한 깃털이 나온다. 새끼가 어릴 때는 어미 새가 주로 쥐를 잡아다 찢어서 먹이지만 새끼가 점점 자라게 되면 쥐뿐만 아니라 멧비둘기, 꿩, 오리, 멧토끼, 큰 물고기 등을 잡아 오며 새끼들은 스스로 먹이를 뜯어 먹는다. 둥지를 살펴보면 먹이 부스러기뿐만 아니라 어미 새가 잡아 온 먹잇감이 통째로 남아 있는 경우도 있다.

헌데 수리부엉이의 집을 발견했다 하더라도 둥지에 접근하는 것이 그리 수월하지는 않다. 둥지가 암벽에 있는 경우는 장소가 험난하여 접근하기도 어렵지만, 무엇보다 알이나 새끼를 보호하려는 어미 새의 공격이 겁난다. 사람의 머리 위로 날아와서 그 무서운 발톱으로 할퀴려 하므로 자칫 잘못하면 큰 부상을 당한다.

오래전 필자가 시골에서 얼굴에 큰 상처 흔적이 있는 노인을 만났는데, 수리부엉이의 둥지에 접근했다가 어미 새의 공격을 받아 발톱에 할퀸 상처라고 했다. 그래서 옛날 사람들은 수리부엉이의 둥지를 발견하더라도 바로 다가가지 않고, 머리에 큰 바가지를 덮어 쓰고 나무 막대기를 휘저으면서 접근했다고 한다. 또 아침 일찍 둥지에 가야만 잡아다 놓은 꿩이나 멧토끼 등을 얻을 수 있다고 한다. 어미 새가 밤새 활동하면서 먹이를 잡아오므로 시간이 많이 지나면 새끼들이 모두 먹어버리기 때문이라는 것이다.

부엉이 곳간 같다 : 온갖 물건 특히 여러 가지 귀중품을 다 모아 둔 것을 빗대어 이르는 말.

수리부엉이가 둥지에 먹잇감으로 온갖 동물을 잡아다 놓으므로 여러 가지 재물이나 곡식 등을 놓아두는 곳간에 비교한 말이지만, 동물은 필요 이상의 먹이를 사냥하지 않으므로 적절한 표현은 아닌 것 같다.

부엉이 집 같다 : 방이나 집안을 정돈하지 않고 물건을 아무렇게나 흐트려 놓아둔 것을 이르는 말.

수리부엉이 둥지와 주변을 보면 새끼가 뜯어 먹다 남은 동물들의 깃털이나 털이 어지럽게 흩어져 있고, 또 먹은 먹이 가운데 소화되지 않는 동물의 뼈와 깃털 등을 위장(모래주머니)에서 둥글게 뭉쳐서 입으로 뱉은 것도 사방에 많이 흩어져 있다.

그래서 실내를 정돈하지 않고 어질러 놓은 것을 '부엉이 집 같다' 라고 하는데, 이 속담은 부엉이 둥지를 직접 보지 못한 사람은 실감 나지 않을 것이다.

미신과 환경 오염으로 한때는 멸종 위기

예전에 '부엉이 사는 골에 호랑이도 함께 있다' 라는 말이 있었다. 아마도 수리부엉이가 사는 곳이 대부분 험난하고 으슥한 곳이므로 그러한 곳에는 호랑이도 있지 않겠느냐는 막연한 추측에서 생긴 말일 것이다.

언젠가 필자는 꿩, 금계, 은계 등 각종 조류를 많이 사육하는 모 씨의 사육장에 가 본 일이 있는데, 큰 새장 속에 수리부엉이를 두 마리나 사육하고 있었다. 그래서 수리부엉이를 왜 집에서 기르는가 물었더니, 밤에 족제비가 자주 설치면서 사육 조류를 많이 물어 죽여 그 피해가 컸으나 수리부엉이를 사육한 뒤로는 그 울음소리를 들은 탓인지 족제비가 나타나지 않는다고 했다. 수리부엉이가 족제비의 천적이기는 하지만, 과연 그러한 효과가 있었는지 아니면 필자가 야생 조류의 보호를 강조하는 사람임을 알고 수리부엉이 사육에 대하여 꾸지람을 듣지 않으려고 꾸며 댄 말인지 알 수 없었다.

수리부엉이나 독수리의 고기, 특히 간肝을 먹으면 미친 사람과 같은 정신병자에게 효과가 있다는 말도 전해진다. 필자가 젊었을 때 여러 가지 죽은 새를 구해 표본을 만드는 것을 알고는 수리부엉이의 고기를 구해달라고 부탁하는 사람도 있었다.

또 수리부엉이의 표본을 집에 놓아두거나 그 발톱을 지니고 있으면 잡귀의 범접을 막는다는 말도 있었다. 귀신이 붙어 정신병이 생긴다는 미신과 수리부엉이의 발톱이 무섭게 생겼으므로 귀신도 겁낼 것이라는 우매한 생각 때문일 것이다. 아프리카의 오지에서는 지금도 질병을 치료할 때 부적을 쓰는 경우가 많으며, 부적을 만들 때 부엉이나 올빼미류의 혈액을 사용하므로 이와 같은 미신 때문에 부엉이와 올빼미가 남획된다고 한다.

옛날엔 많았던 수리부엉이가 미신 때문에 남획되기도 하고, 1960~70년대에 우리나라에서 함부로 남용한 쥐약 때문에 약을 먹은 쥐를 잡아먹고 2차 중독으로 수리부엉이를 비롯한 많은 맹금류가 폐사하면서 그 수가 격감했다. 그러나 이후 야생 조수 보호 정책 등으로 최근 수리부엉이의 개체 수가 상당히 증가했다니 다행이다. 현재 수리부엉이는 천연기념물 및 환경부 지정 멸종 위기종으로 보호하고 있다.

올빼미

빛깔과 울음소리가 가장 아름다운 새

꾀꼬리

한국의 새 중 빛깔과 울음소리가 가장 아름다운 새는 꾀꼬리라 하겠다. 몸 크기가 26센티미터 정도의 새로서 온몸이 황금빛이고 머리에는 테를 두르고 있어 그야말로 아름다운 새이다. ● 5월 중 우리나라에 날아오는 여름새로서 주로 야산의 활엽수림 속에 살며 아름다운 울음소리를 내는데, 그 소리가 너무나 특이하여 옛날부터 노래를 잘 부르는 사람을 꾀꼬리에 비유했다. ● 나뭇가지의 끝 부분이 Y자처럼 생긴 곳에 컵 모양의 둥지를 만들며, 대형 나방의 유충 등 곤충을 주식으로 하나 버찌, 오디와 같은 열매도 잘 먹는다. ● 번식기에는 공격성이 강해 둥지 가까이에 까마귀, 까치, 심지어 매류나 사람이 접근해도 심하게 공격한다.

황조가의 주인공

《삼국사기三國史記》에 〈황조가黃鳥歌〉라는 시가 나온다. '황조'란 꾀꼬리의 별명이다.

翩翩黃鳥 펄펄 나는 꾀꼬리는
雌雄相依 암수가 짝을 지어 함께 노닐건만
念我之獨 외로이 홀로 있는 이 내 몸은
誰與爲歸 뉘와 더불어 돌아갈거나

황조가는 고구려 2대 유리왕이 지었다고 전해진다. 유리왕에게는 화희와 한漢나라 사람인 치희 두 왕비가 있었는데, 두 사람은 서로 시새우다가 마침내 치희가 견디지 못하여 어느 날 임금이 사냥 간 틈을 타서 제 고향으로 도망갔다. 사냥 갔던 임금이 돌아와 이 소식을 듣고 급히 말을 달려 뒤를 좇았으나 이미 때가 늦어 치희를 찾을 길이 없었다.

낙심한 임금이 피로로 나무 아래서 쉬고 있을 때, 꾀꼬리 한 쌍이 정답게 나뭇가지 사이로 넘나들며 노니는 것을 보고 부러워한 나머지 이 시를 지었다는 것이다.

꾀꼬리는 몸빛이 아름답고 울음소리도 대단히 고우므로 옛날부터 시가에도 많이 등장하며, 별명도 많다.

금의공자金衣公子, 창경鶬鶊, 황리黃鸝, 흑침황리黑枕黃鸝, 황작黃雀, 황조黃鳥, 황금조黃金鳥, 앵鶯, 황앵黃鶯, 황앵아黃鶯兒 등으로도 부르는데 모두 황금색의 아름다운 빛깔을 가졌기 때문에 붙은 별명이다.

꾀꼬리 같다

여름철 산야에서 꾀꼬리가 녹음 사이를 나는 모습을 보면 마치 금덩어리가 날아다니는 것 같다. 부리 끝에서 꼬리 끝까지의 몸길이가 26센티미터 정도이고, 깃털 빛깔이 전반적으로 황금색을 띠고 있다.

꾀꼬리는 부리가 선명한 분홍색이고 발은 청회색이다. 그리고 날개 끝이 검고 꼬리도 검지만 끝 부분은 황색이고, 머리에는 눈을 지나는 검은 띠를 두르고 있는 등 참으로 아름다움이 조화를 이룬 새이다.

빛깔뿐만 아니라 울음소리 또한 빼어나게 고우므로 옛날부터 목소리가 고운 사람 특히 고운 목소리로 노래를 잘 부르는 사람을 '꾀꼬리 같다' 라고 했다. 실제로 여러 새 중에 꾀꼬리처럼 빛깔과 울음소리가 다 같이 고운 새는 드물다.

울음소리가 뛰어나게 고운 새는 대부분 빛깔이 화려하지 않다. 예를 들면 휘파람새, 종다리, 지빠귀류 등은 울음소리는 그야말로 일품이지만 빛깔은 볼품없거나 수수하며, 이와는 반대로 파랑새, 어치, 백로류 등은 빛깔은 아름답지만 울음소리는 시끄럽거나 둔탁하다.

이와 같은 현상은 한국의 새뿐만 아니라 외국의 새도 거의 마찬가지이다. 예컨대 잉꼬류는 빛깔은 대단히 곱지만 대부분 울음소리가 좋지 않다. 새장에서 기르는 카나리아는 울음소리와 빛깔이 다 같이 곱지만 이는 사람에 의해 개량되었기 때문이며, 카나리아의 조상인 원종은 빛깔이 곱지 않다.

새의 울음소리를 말이나 글자로 표현하기는 힘들지만, 꾀꼬리의 울음소리는 '고오 고오 꼬기요 끼리릭 끼리릭' 또는 '고이 고이 고오 고오 끼리요' 라는 소리로 들린다고 한다. 그리고 외적이 나타나면 경계하는 소리로서 '깨애액 깨에에' 하고 매몰친 소리를 내기도 한다. 좌우간 꾀꼬리의 울음소리는 대단히 변화가 많아 표현하기 어렵다.

옛날 시골에서는 꾀꼬리의 울음소리를 표현하는 말로 '고베 고베 고베 고베 내딸 배서방' 하고 운다 했다. 또 지방에 따라 표현 방법에 차이가 있어, 경상도의 진주 지방에서는 꾀꼬리가 '영감 보리 비요' 라고 운다 했다. 꾀꼬리가 많이 우는 때가 보리를 수확하는 계절이므로 '영감님 보리 베느라 수고하십니다' 하고 인사한다는 것이다.

또 울산 지방에서는 상소리를 섞어 '고개야 고개야 내 X이 고개야' 하고 운다 했으며, 경기도 지방에서는 '담배 밭에 조趙도령' 하고 운다 했다. 여름철 담배 밭에서 한창 일하고 있는 사람들에게는 가까운 숲에서 나는 꾀꼬리 울음소리가 그렇게 들리기도 했을 것이다.

새의 울음소리를 어떤 말에 비유하여 표현한 경우는 드문데, 꾀꼬리 울음소리는 특색이 있어, 지방에 따라 재미있는 여러 가지 말로 비유하고 있다.

번식기에는 사나워요

꾀꼬리는 우리나라에서는 여름새이다. 4월 말에서 5월 상순경 동남아시아 지역에서 날아와 산야의 활엽수림이나 잡목림의 밝은 숲에 살면서 고운 소리로 울고 짝을 지어서 번식하는데, 대부분 수평으로 뻗은 나뭇가지 끝의 Y자 모양으로 갈라진 부분에 컵 모양의 둥지를 만들고 분홍색 고운 빛깔에 적갈색 반점이 있는 알을 4개 낳는다.

둥지 재료를 보면 가는 풀이나 뿌리, 때로는 사람의 머리카락 같은 것도 물고 와서 가지에 얽어매어 둥지를 만드는데 요즘은 비닐 조각이나 끈 또는 종이 부스러기 등을 이용하는 경우가 많다.

꾀꼬리는 번식기에 성질이 매우 사나워져서 둥지 가까이 접근하는 사람을 곧잘 공격한다. 까치, 까마귀, 멧비둘기 등 자신보다 훨씬 큰 새도 공격하고 심지어 맹금류인 매 종류(재조롱이 등)까지도 공격한다. 그러므로 산야에서 꾀꼬리가 공격하는 행동을 나타내면 가까운 곳에 둥지가 있음을 쉽게 알 수 있어 새를 연구하는 사람에게는 꾀꼬리 둥지를 찾아내는 좋은 표적이 된다.

약한 동물이 포식자나 자신보다 강한 외적에 대해서 적극적으로 공격하는 행동을 나타내는 것을 의공격擬攻擊이라 하는데, 일종의 자기방어 수단이지만 이와 같은 행동 때문에 천적에게 잡아먹히는 등 화를 입는 수도 종종 있다.

꾀꼬리의 먹이는 각종 곤충 특히 딱정벌레류와 대형 나방류의 유충을 좋아하지만, 오디나 버찌 같은 열매와 여러 가지 과실도 잘 쪼아 먹으며 사육하여 보면 삶은 날살의 노른자를 가장 좋아한다.

《본초강목》이나 《식물본초》 등에는 꾀꼬리를 약용으로 쓴다는 내용이 있는데, 식후포만食後飽滿, 소화불량 등 소화기 계통의 질병에 효과가 있다고 하나 현대 의약학적으로 검증된 바는 없는 것 같다.

한겨울에 들리는 꾀꼬리 소리

새들은 서로 어떻게 의사소통을 하는 것일까? 병아리가 '삐약 삐약' 하고 소리를 내는 모습을 흔히 볼 수 있는데, 이는 사람으로 치면 '엄마 엄마' 하고 어미 닭을 부르는 말이며 또 '배고파' 라는 뜻도 있다. 그리고 어미 닭이 벌레를 잡아 부리로 집었다 놓았다 하면서 '꼭꼭꼭 꼭꼭꼭' 하고 소리를 내는데 이는 새끼들에게 '여기 맛있는 것이 있으니 어서 와서 먹어라' 라는 뜻이다. 수탉도 간혹 벌레를 잡아 부리로 쪼면서 '꼭꼭꼭 꼭꼭꼭' 하는 똑같은 소리를 내면 암탉이 와서 벌레를 먹는데, 이는 수탉이 암탉에게 하는 일종의 구애 행동이다.

또 어미 닭이 병아리를 거느리고 있을 때 하늘에 매나 솔개가 나타나면 '끼–욱' 하고 강한 소리를 낸다. 이 소리를 들은 병아리들은 재빨리 덤불 속이나 돌 틈 같은 은신처에 몸을 숨긴다. 어미 닭뿐만 아니라 여러 마리의 닭이 함께 놀다가도 매나 솔개가 나타나면 이를 제일 먼저 본 놈이 역시 '끼–욱' 하고 똑 같은 소리를 내며, 이 소리를 들은 다른 놈들은 놀라서 일제히 숨을 곳을 찾는다. 닭의 세계에서 '끼–욱' 하는 날카로운 소리는 '조심하라' 또는 '빨리 숨어라' 라는 말이다.

늦은 봄철이나 이른 여름 산야에서 어린 새끼를 거느린 까투리(암꿩)를 만나면 까투리는 '끼–ㄱ 빽 빽' 하는 강한 소리를 낸다. 이 소리를 들은 날지 못하는 꺼병이(꿩병아리)들은 잽싸게 몸을 숨기고 움직이지 않는다. 닭의 소리와 다소 음성이 다르지만 이 역시 '조심하라' 는 꿩의 말이다. 어미 꿩의 소리가 계속 들리는 동안은 꺼병이들은 숨을 죽이고 움직이지 않으나 이윽고 어미 소리가 들리지 않으면 꺼병이들은 '삐- 삐-' 하는 가냘픈 소리를 낸다. 병아리 소리와는 다르지만 이 역시 '엄마 엄마' 하고 어미를 부르는 꺼병이들의 말이다.

이처럼 새들에게도 의사소통을 위한 말이 있지만, 사람과는 달리 아주 간단하고 단순하다. 새들의 말은 대체로 '여기에 먹이가 있다', '조심하라', '몸을 피하라', '나는 여기 있는데 너는 어디 있냐' 등등 몇 가지밖에 안 된다.

입을 통해서 내는 소리 외에 부리나 날개를 부딪쳐 의사소통을 하는 새도 있다. 황새는 아래위의 부리를 부딪쳐서 큰 소리를 내며, 뉴기니에 사는 극락조과의 비익조는 암컷을 유인하는 구애 행동을 할 때 수컷이 깃털을 세우고 춤을 추면서 여치가 날개를 비비는 것처럼 날개깃을 비비어 높은 소리를 낸다. 북미의 목도리들꿩 수컷도 역시 날개를 자신의 가슴에 쳐서 큰 소리를 내는 구애 행동을 한다. 이와 같이 몸의 어떤 부분을 부딪쳐 소리를 내는 것을 드러밍 또는 클라트링이라고 하는데, 이 또한 정보 전달 방법이므로 새들의 말이라 할 수 있다.

새가 내는 소리는 번식기와 비번식기에 차이가 많다. 특히 소형 조류인 명금류는 계절에 따라 울음소리에 큰 차이가 있다. 비번식기(주로 가을과 겨울)에는 대체로 '짹짹', '삣삣', '콕콕' 또는 '삐욱 삐욱' 등 짧은 소리를 내는데, 이것은 동료들에게 자기의 위치를 알리는 일종의 신호이다(이와 같은 단순한 소리를 Call 또는 Call note라고 한다). 그러나 번식기(거의 봄과 여름)에는 주로 수컷이 복잡한 곡조가 있는 긴 울음소리를 내는데, 우리는 이를 '새가 지저귄다' 또는 '새가 노래한다' 라고 한다(이와 같은 지저귀는 울음소리를 Song이라 한다).

새가 지저귀는 것에는 크게 두 가지의 목적이 있다. 하나는 암컷에게 과시 행동을 함으로써 암컷을 유인하려는 것이고, 다른 한 가지는 자기의 소유 영역 즉 세력권을 확보하는 수단으로써 다른 수컷들에게 경고를 하는 것이다.

하지만 학자에 따라서는 새가 지저귀는 것이 의도적인 행동이 아닌 본능적이고 무의식적인 행위라는 견해가 있다. 번식기가 되어 일조 시간(햇볕이 실제로 내리쬐는 시간)이 길어지는 등의 환경 변화가 일어나면, 성호르몬이 분비되어 이로 인해 지저귀기 시작한다는 것이다.

오래된 일이지만 필자가 봄철에 휘파람새를 포획하여 작은 통에 넣어 집으로 오던 중, 통 속에서 고운 소리로 새가 지저귀는 것을 본 경험이 몇 번 있었다. 새의 지저귐이 의도적인 행위라면, 사람에게 잡혀 갑갑하고 좁은 통 속에서 불안한 상태에서 지저귈 리가 없을 것이다. 하지만 새가 지저귀는 것이 호르몬의 영향에 의한 무의식적 행위라고 가정한다면 휘파람새가 통에 갇혀서도 지저귀는 것을 이해할 수 있다. 그러나 모든 새의 지저귐이 예외 없이 호르몬에 의한 무의식 행위인지는 단정할 수 없다.

그런데 새의 지저귀는 행위는 본능의 영향일지라도, 그 음절이라든가 곡조 등은 학습에 의한 영향을 많이 받는다고 한다. 종다리의 어린 새끼를 집에서 길러 보면, 새 통 속에서도 잘 지저귀지만 들에서 지저귀는 종다리 소리와는 사뭇 곡조가 다르다. 그래서 종다리의 울음소리를 무척 좋아하는 사람들 중에는, 종다리의 새끼를 기를 때 새 통을 들에 가지고 나가 들에서 우는 종다리 소리를 들려주어 곡조를 익히게 하는 경우도 있다. 그렇게 하면 학습에 의해 새장 속의 종다리도 들에서 지저귀는 종다리와 같은 곡조로 지저귄다고 한다.

필자는 오래전 검은머리방울새를 기르면서 2년 이상 종다리를 기르는 새 통 옆에 두었더니, 나중에는 검은머리방울새가 종다리 울음소리와 비슷한 곡조로 지저귀는 것을 본 경험도 있다.

필자는 때까치가 동박새의 울음소리를 내는 것도 보았다. 어떤 이는 때까치가 동박새의 울음소리를 내는 것은 동박새가 동료의 소리인 줄 알고 접근하면 잡아먹기 위해서라 한다.

때까치가 동박새와 같은 소형새를 간혹 잡아먹는 것은 사실이지만, 의도적으로 소리를 흉내 내어 동박새를 가까이 유인하는 행동을 한다고 할 수는 없다. 때까치는 그와 같은 높은 지능을 가진 새가 아니다.

이처럼 새 중에는 자기 종족의 소리뿐만 아니라 사람의 말소리 등 다른 동물이 내는 소리나 여러 사물의 소리를 따라하는 종류가 더러 있다. 다른 소리를 잘 흉내 내는 새로는 널리 알려진 앵무새류와 구관조가 유명하다.

소리를 가장 잘 흉내 내는 대형 앵무새류의 몇몇 종류와 구관조는 같은 종류라도 산지에 따라 또는 개체에 따라 흉내 내는 재능에 상당한 차이가 있다 한다. 앵무새나 구관조 중에는 애국가나 어떤 노래의 한두 구절을 정확하게 따라 부르는 놈도 있다. 그래서 이들 새가 판매될 때는 사람의 말을 어느 정도 흉내 낼 수 있는가 즉 흉내 내는 단어 수에 따라 가격에 차이가 있다고 한다. 하지만 이들 외에 까마귀, 까치, 어치 등도 사육하면서 잘만 학습시키면 '안녕하세요', '사랑합니다' 정도의 말소리는 흉내 낸다.

언젠가 필자가 산에서 새를 조사하던 중 추운 겨울철임에도 꾀꼬리의 고운 울음소리를 들은 적이 있었다. 꾀꼬리는 여름 철새이므로 한겨울에 꾀꼬리가 있을 리가 없는데, 분명히 꾀꼬리의 울음소리가 들려 이상히 여기면서 소리 나는 쪽으로 다가가서 보았더니 나무 위에서 어치가 꾀꼬리의 울음소리를 흉내 내고 있었다.

어치

또 산길을 가던 중 아기의 울음소리가 들리므로, 누가 아기를 산에 버렸는가 보다고 생각하면서 소리가 나는 곳으로 가 보았더니 어치가 아기 울음소리를 내고 있었다는 이야기도 있다.

파랑새 녹두밭에는 누가 앉았을까

시가나 전설에 많이 등장하는 파랑새는 어떤 새를 말한 것인지 매우 모호하다. • 우리나라의 새 중 분류상으로 파랑새라고 하는 것은 파랑새목 파랑새과에 속한다. • 몸길이 28~30센티미터 정도의 온몸이 짙은 청록색을 띤 여름새로서, 공중을 날아다닐 때 '개 개 갯– 개 개 갯–' 하고 탁한 울음소리를 낸다. • 파랑새는 주로 묵은 까치 둥지에 알을 낳아 번식하는 흔치 않은 새이다.

파랑새를 찾아라

옛 노래에 "새야 새야 파랑새야 녹두밭에 앉지 마라/ 녹두꽃이 떨어지면 청포장사 울고 간다"라는 것이 있다. 청포란 녹두로 만든 묵을 말한다. 또 "파랑새 노래하는 청포도 넝쿨 아래로…"라는 가요 구절도 있고, "나는 나는 죽어서 파랑새 되어/ 푸른 하늘 푸른 들 날아다니며/ 푸른 노래 푸른 울음 울어 예으리/ 나는 나는 죽어서 파랑새 되리"라는 한하운(1920~1975)의 애절한 시도 있다.

그런데 문학 작품 등에 자주 인용되는 파랑새는 실제로 어떤 새일까? 분류상으로 '파랑새' 라고 부르는 새는 생김새와 빛깔은 매우 예쁘고 곱지만 울음소리는 '개개갯 — 개개갯 —' 하는 둔탁하고 듣기 싫은 소리이다. 그리고 이 파랑새는 녹두밭이나 포도 넝쿨에는 앉는 법이 없다. 그러므로 파랑새는 시가詩歌에서 이르는 파랑새와 어느 모로 보아도 맞지 않다.

그렇다면 시가에 등장하는 파랑새란 아마도 다른 종류의 새일 가능성이 높다. 우선 파랑새의 빛깔에 대해 생각해 보자. 우리말에서 파랑 또는 파란, 파랗다, 푸르다로 표현하는 빛깔의 개념은 대단히 모호하다.

청색(Blue)과 녹색(Green), 남색(Indigo blue)은 전혀 다른 빛깔이지만 우리말로는 구분 없이 푸른, 파란 빛깔로 자주 표현한다.

또한 연청색, 군청색, 암청색, 연록색, 농록색, 암록색, 황록색, 청록색, 남색, 남청색 및 이와 유사한 빛깔을 모두 파란 빛깔 또는 푸른 빛깔로 표현하는 경우가 많다. 그러므로 빛깔만 가지고는 시가에 등장하는 파랑새가 정확하게 어떤 새인지 알 수 없다.

"새야 새야 파랑새야 녹두밭에 앉지 마라…"라는 노래에 나오는 파랑새를 우리 주변에서 흔히 볼 수 있는 '방울새'라고 하는 견해가 있다. 언젠가 TV 퀴즈 프로그램에서 노래에 나오는 파랑새가 실제로 '방울새'라고 한 적이 있었는데, 이는 새에 대해 잘 모르면서 Green finch라는 방울새의 영어 이름을 그대로 직역하여 '녹색의 새' 즉 '파랑새'라고 자의로 해석한 것이다.

방울새

방울새는 몸빛이 대체로 황색을 띠는 어두운 황녹갈색 즉 녹두 빛깔을 띤 새이므로 '녹두새'라고 부르는 지방이 있는데, 빛깔에서 붙여진 녹두새의 어원을 모르고 방울새가 녹두밭에서 녹두를 먹는 것으로 오인하는 사람이 있다. 아마도 그러한 이유로 녹두밭에 앉지도 않는 새를 이름만으로 유추하여 "녹두밭에 앉지 마라"라고 하지 않았을까?

방울새는 크기가 참새만 하며 깨, 들깨, 조, 수수, 벼, 해바라기 씨 등 각종 곡식 알맹이와 여러 나무의 씨 또는 새싹을 잘 먹으며(녹두는 먹지 않는다) 특히 들깨와 같은 기름진 씨를 좋아한다. 그러나 벌레는 먹지 않고 순 식물성 먹이만 먹는 새이다.

방울새는 산기슭과 들판, 해안 등의 소나무 숲에 많이 살지만 도심의 공원에서도 흔히 볼 수 있다. 3~4월에 주로 소나무와 같은 침엽수의 수평으로 뻗은 가지에 예쁜 둥지를 만들어 번식하며 겨울철에는 대부분 무리를 지어 활동한다. 들판의 전선줄에 앉아 있는 모습도 종종 볼 수 있지만, 여름철 꽃이 피는 녹두밭에는 앉지 않는다.

필자는 수십 년 동안 많은 새를 관찰했지만 녹두밭에 앉는 방울새는 아직 본 적이 없다. 그러므로 방울새를 노래에 나오는 파랑새라고 말하는 것은 새를 거의 모르는 누군가의 잘못된 주장이라 하겠다.

녹두밭에는 누가 앉은 거야?

그렇다면 파랑새는 어디에 있을까? 새의 빛깔로 보아 파랑새라고 부를 수 있을 법한 새와 그 새의 특징을 살펴보기로 하자.

우리나라 남쪽 지방에서는 정원수에도 곧잘 날아오고 특히 동백꽃이 필 무렵엔 꽃 속의 꿀과 꽃가루를 먹기 위해 흔히 날아드는 새가 동박새이다. 동박새는 목 밑이 노란 색을 띠고 있으나 몸 윗면 전부가 녹색이므로 방울새보다는 오히려 동박새를 파랑새라고 불렀을 가능성이 있다.

동박새는 참새보다 조금 작지만 울음소리가 고운 퍽 예쁜 새이다. 특히 안경을 쓴 것처럼 눈 주위에 흰 테가 선명하므로 누구나 쉽게 구분할 수 있다. 그렇지만 동박새 역시 녹두밭에는 앉지 않기 때문에 노래에 나오는 파랑새는 아니다.

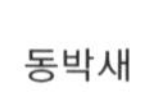
동박새

가을철 이동 시기에 콩밭이나 녹두밭에서 극히 드물게 볼 수 있는 솔새류도 몸 윗면이 전반적으로 거의 녹색을 띠고 있다. 이 또한 파랑새라고 표현할 수 있겠으나, 녹두꽃이 피는 여름철에는 깊은 산속에서만 볼 수 있고 녹두밭에는 아예 근처에도 가지 않는다. 유리새(큰유리새)와 쇠유리새의 수컷은 몸 윗면이 아름다운 유리색(남색)이므로 파란 빛깔의 새로 볼 수 있지만 이들도 여름철 깊은 산속에서만 볼 수 있고 녹두밭이나 포도 넝쿨에 앉는 법은 없다.

또 유리딱새 역시 수컷은 몸 윗면이 남색을 많이 띠고 있어 파란 빛깔의 새라 할 수 있겠으나 겨울철에만 볼 수 있는 철새이므로 녹두밭에 앉거나 포도 넝쿨에서 지저귀는 것과는 거리가 멀다.

몸이 큰 새 중에서 빛깔이 파란색 또는 푸른색이라 할 수 있는 새도 있다. 까마귀과에 속하는 물까치는 몸길이가 약 35센티미터 정도이고 모양은 까치를 닮았는데, 머리는 검고 날개와 꼬리는 연한 청회색이며 등은 연한 회갈색이지만 몸 윗면이 하늘색으로 보여 전반적으로 파란 빛깔의 새라고 할 수 있다. 헌데 이 새도 녹두밭이나 포도 넝쿨에는 가까이 오지 않는다.

또 몸길이 29센티미터 정도의 청호반새도 머리 위는 검은색이지만 몸 윗면과 날개 및 꼬리가 보랏빛이 감도는 푸른색이므로 역시 파랑새라고 할 수 있겠으나, 산속의 냇가나 계곡에서만 생활하

유리새(큰유리새)

유리딱새

는 철새로서 식물성 먹이는 전혀 먹지 않으므로 녹두밭이나 포도 넝쿨과는 상관이 없다.

봄철 번식기에 가까운 산속에서 볼 수 있는 비디지빠귀(바다직박구리) 수컷도 몸 윗면이 진한 남색이므로 파랑새 후보이지만, 이 새 또한 바위가 많은 바닷가에 살며 녹두밭이나 포도 넝쿨에는 가까이 가지 않는다.

이상과 같이 파란 빛깔을 한 여러 종류의 새 중에서 녹두밭에 앉거나 포도 넝쿨에서 지저귀는 새는 사실상 우리나라에 없다. 새장 속에 사육하는 새 중에는 파란 빛깔의 새가 더러 있고, 외국산 새 중에서 파랑새라는 이름으로 불리는 새가 있기는 하다. 멕시코 등 남미 지역에 서식하는 유리지빠귀류는 영어로 Bluebird라는 이름을 지녔다. 우리말로 번역하면 '파랑새' 라고 할 수 있다. 그러나 역시 녹두밭에 앉거나 포도 넝쿨에서 지저귀는 새가 아니다. 그러므로 동요에 등장하는 파랑새는 한하운의 시에서와 같이 문학적으로 표현한 가상의 새라고 하는 것이 옳을 것이다.

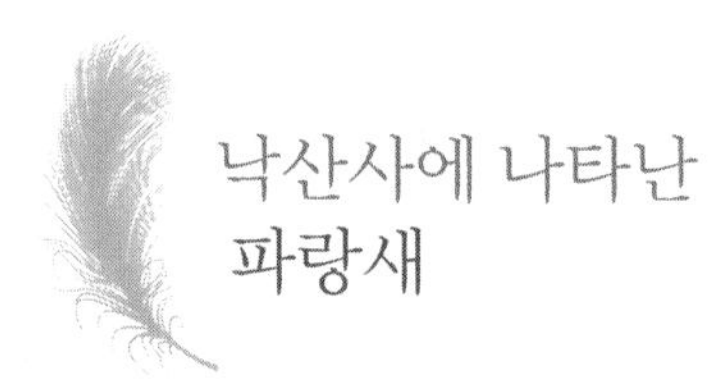

낙산사에 나타난 파랑새

벨기에의 시인이며 극작가인 마테를링크의 작품 가운데 〈파랑새〉라는 동화극이 있다. 1908년 모스크바에서 처음으로 상연된 〈파랑새〉는, 가난한 집에 태어난 틸틸과 미틸 오누이가 꿈속에서 만난 요정의 부탁으로 행복의 상징인 파랑새를 찾아가는 이야기이다. 오누이는 결국 파랑새를 못 찾지만, 잠에서 깨어나 보니 집에 있는 새장 속의 파란 빛깔의 새가 바로 파랑새라는 사실을 발견하고는, 행복이란 가까이 있으며 다른 사람을 행복하게 하는 데 있음을 깨닫는다는 줄거리이다.

최근인 2010년 4월, 강원도 양양군의 낙산사에 전설 속의 파랑새가 자주 출현한다는 소문이 파다했다. 낙산사의 홍련암 주변에 나타나는 이 새는 등이 파란 빛깔이고 배는 갈색이며 부리가 뾰족한 주먹만 한 새라고 했다. 낙산사 스님과 신도 및 관광객들은 이 새가 전설에 등장하는 파랑새가 아니겠느냐고 여러 가지 추측과 관심을 나타냈다.

신라 30대 문무왕 11년(서기 671년)에 의상대사가 산을 오르던 중 이상한 새를 발견하고 쫓아가자 그 새가 석굴 속으로 들어갔다고 한다. 이를 이상하게 여긴 의상대사는 석굴 앞에서 기도를 드렸는데 7일 만에 바다에서 관세음보살이 나타났다는 사찰 창건기가 전해진다. 당시 석굴 속으로 사라진 새가 파랑새라는 것이다.

전설 중에는 과학이 발달하지 못한 옛날에 근거 없는 추측과 상상으로 지어낸 이야기가 많다. 낙산사 홍련암에 출현한다는 그 새는 앞에서 언급한, 분류상으로 지빠귀과에 속하는 바다지빠귀이다.

바다지빠귀는 몸길이가 23센티미터 정도인데 수컷은 머리, 가슴, 등, 허리가 진한 남색이고 날개와 꼬리는 푸른 기가 도는 검은색이며 배는 적갈색이다. 그리고 암컷은 몸 윗면이 암갈색이고 몸 아랫면은 황갈색이며 전반적으로 가는 비늘 모양의 무늬가 있다.

바다지빠귀는 우리나라 전국의 섬과 해안, 특히 바위가 많은 해안에 서식하며 4~5월경 번식기가 되면 암수가 모두 아름다운 소리로 지저귀며 짝을 찾는다. 바다지빠귀는 주로 해안의 암벽 틈에 둥지를 만들지만, 때로는 가까운 산속으로 들어가서 산속의 암벽 틈이나 사찰 같은 건물의 처마 밑이나 구멍 속에 둥지를 만들기도 한다.

낙산사 홍련암 근방에 나타난 파랑새로 오인된 바다지빠귀도 둥지를 만들 장소를 물색하기 위해 그곳에 출현한 것이다. 그리고 옛날 의상대사가 보았다는 새 역시 기록상의 정황으로 판단할 때 바다지빠귀였을 것이다.

시가나 전설에 등장하는 파랑새는 영조靈鳥 또는 길조吉鳥를 상징하는 파란 빛깔을 한 상상의 새이다. 문학적으로 표현한 상상의 새이든 실

바다지빠귀(바다직박구리)

존하는 새이든 사람들이 '파랑새' 란 이름을 많이 듣고 또 파랑새란 어떤 새인가에 관해 필자에게 문의도 많았기 때문에 전문가로서 의견을 이야기해 보았다.

풀이냐 새냐 그것이 문제로다

으악새

왜가리

백로과에 속하는 가장 큰 새인 왜가리를 왁새 또는 으악새라고 한다. ● 왜가리 즉 으악새는 울음소리를 거의 내지 않지만, 둥지 속의 어린 새끼는 어미 새가 먹이를 물고 오면 '왁 왁' 시끄러운 소리를 내기도 하고 어미 새는 가을철 이동할 때 날아가면서 '왁' 하고 외마디 소리로 운다. ● 왜가리는 논이나 냇가 등 습지에 서식하며, 물고기를 주식으로 하지만 개구리, 쥐, 다른 새의 새끼도 잡아먹는다.

으악새는 풀 이름?

우리 가요사에 큰 족적을 남긴 고복수 씨가 부른 노래 중에 〈짝사랑〉이라는 것이 있다. "아– 으악새 슬피 우니 가을인가요/ 지나친 그 세월이 나를 울립니다/ 여울에 아롱 젖은 이즈러진 조각달/ 강물도 출렁출렁 목이 멥니다"라는 가사이다. 박영호 작사, 손목인 작곡의 이 노래는 남녀노소를 막론하고 오랫동안 불렸으며, 지금도 많은 사람들의 애창곡이다.

헌데 이 노래의 가사에 등장하는 '으악새'란 정확히 무엇을 말한 것일까? 많은 사람들은 으악새가 '억새'라는 식물을 가리킨 것이라고 말한다. 경상도 지방에서는 억새를 '새풀' 또는 '새피기' 등으로 부른다. "으악새 슬피 우니 가을인가요"라는 구절을 두고 늦가을 억새의 잎과 줄기가 바람에 흔들리면서 서로 비비대는 소리를 '억새' 즉 '으악새'가 슬피 운다라고 표현했다는 것이다. 매우 감상적이고 시적인 표현이며 그럴싸한 해석 같기도 하다.

으악새를 억새라고 보는 견해는 아마도 조선 시대의 문인인 정철의 사설시조 〈장진주사將進酒辭〉에 나오는 글을 근거로 한 것 같다. 〈장진주사〉에는 "어욱새 속새 덥가나무 백양白楊 수페…"라는 구절이 나온다. 여기서 말하는 어욱새(또는 어옥새)는 분명 억새라는 식물을 뜻한다.

하지만 그렇다고 해서 〈장진주사〉에 나오는 어욱새와 〈짝사랑〉에 나오는 으악새를 모두 억새라는 식물로 해석하는 것은 너무 성급한 비약이다. 한편으로는 〈짝사랑〉에 등장하는 으악새를 새로 보는 견해도 있기 때문이다.

안타깝게도 작사가 박영호 씨가 이미 타계했으므로 으악새가 억새라는 식물인지 새인지 직접 물어볼 수는 없다. 가사를 지은 박영호 씨는 해방 전후에 유명한 작사가로서 좋은 가사를 많이 남겼으나, 그 후 고향인 북한의 원산에 살았다는 것 외의 행적은 알 수 없다.

'왁새' 라고 쓰면 운율이 안 맞으니까

으악새가 식물을 말한 것인지 날아다니는 새를 말한 것인지 서로 다른 견해에 대해, 필자는 후자 즉 새를 말한 것이라고 확신하고 있으며 그 이유는 다음과 같다.

1931년에 출판된《한국의 새 보고Notes on Korean Birds》라는 책에는 우리말 새 이름이 많이 수록되어 있는데, '왜가리' 라는 새의 별명을 '왁새' 라고 기록하고 있으며 지금도 시골이나 특히 북한에서는 왜가리를 왁새라고 부르는 사람이 많다.

왜가리는 늪이나 강가에서 흔히 볼 수 있는 백로과에 속하는 커다란 새로서, 울음소리를 잘 내지 않으나 가을철 이동 시 특히 밤하늘을 날아가면서 '왁' 또는 '으악' 하고 외마디 큰 울음소리를 낸다. 따라서 왜가리를 왁새 또는 으악새라고 부르는 것은 울음소리에서 유래한 사투리 의성어라 하겠다.

작가 박영호 씨는 원산 출신이었으므로 왜가리를 사투리 이름인 왁새라고 하려 했으나, 가사의 운율을 맞추고 부드럽게 표현하기 위해 왁새를 '으악새' 라고 했을 것이다.

왜가리

가을밤 강가에 있던 왜가리 즉 으악새가 밤하늘을 날아가면서 '왁' 또는 '으악' 하고 우는 소리가 구성지고 슬프게 들려, 그 정경을 노래 가사에 담아 "아— 으악새 슬피 우니 가을인가요"라던가 "여울에 아롱 젖은 이즈러진 조각달/ 강물도 출렁출렁 목이 멥니다"라고 썼을 것이다.

그렇게 보아야만 으악새라는 새의 구성지고 슬픈 울음소리와 그 새가 사는 장소인 강과 주로 우는 시간(밤) 등이 모두 가을밤의 쓸쓸한 정경과 일치한다.

8~9월에 꽃이 피는 억새도 분명 가을의 정취라 할 수 있을 것이다. 하지만 억새는 강변에서도 볼 수 있지만 주로 산지에서 볼 수 있는 풍경이므로 강변을 대표하는 풍경이라고 하기 어렵다. 그리고 실제로 억새가 바람에 흔들리면서 비비대는 소리는, 센 바람이 불 때라도 귀를 가까이 대지 않으면 거의 들리지 않고 또 슬프게 들리지도 않는다.

그러므로 어떤 현상에 대한 느낌과 해석은 사람에 따라 다를 수 있지만, "으악새 슬피 우니"를 억새가 가을바람에 흔들려 줄기와 잎이 비비대는 소리라고 하는 것은 지나치게 자의적인 해석이 아닐까?

으악새가 새라고 확신하는 또 다른 이유로는 같은 노래의 2절 가사를 들 수 있다. 2절 가사에는 "아- 뜸북새 슬피 우니 가을인가요…"라는 대목이 나온다. 1절에서는 으악새(왜가리)가 2절에서는 뜸북새(뜸부기)가 나오는데, 모두 새라는 소재를 공통으로 등장시키고 있음을 알 수 있다.

또 한 가지 으악새가 새라는 신빙성 있는 증거가 있다. 지금은 작고하신 코미디언 김희갑 씨는 방송에서 〈짝사랑〉과 〈불효자는 웁니다〉라는 노래를 즐겨 불렀었다. 1970년대였던가? 너무 오래되어 정확한 연도는 기억하지 못하겠으나, 김희갑 씨가 TV에 출연하여 '으악새가 무엇을 말한 것인가'라는 질문에 "내가 고복수 형님께 으악새가 무엇이냐고 물은 적이 있는데, 고복수 형님이 새라고 하더라"라는 말을 한 적이 있다. 가수인 고복수 씨도 작사자인 박영호 씨에게 으악새가 무엇이냐고 틀림없이 물었을 것이며, 새라는 사실을 알았기에 김희갑 씨에게 새라고 알려주었을 것이다.

왜가리는 어떤 새?

왜가리는 대백로, 중백로, 소백로 및 다른 백로과의 새와 황새, 두루미, 도요새 등과 함께 수금류(물새) 중에서도 섭금류라 한다. 섭금류는 모두 목과 다리가 길고 부리도 대체로 긴 새들로서 강, 호수, 늪, 해변 등의 물이 얕은 습지를 긴 다리로 잘 걸어 다니면서 먹이를 구한다.

왜가리는 물고기를 주식으로 하지만 개구리, 우렁이 등도 잘 먹으며 때로는 작은 뱀, 도마뱀, 쥐, 두더지, 다른 새의 어린 새끼, 대형 곤충 등도 잡아먹는다. 그리고 간혹 양어장에 날아와서 물고기를 잡아먹기 때문에 미움을 사기도 한다.

필자는 으악새 즉 왜가리를 수년간 사육해 본 경험이 있다. 처음에는 먹이로 미꾸라지와 붕어를 공급하다가 차츰 각종 생선을 썰어서 주었으며, 나중에는 돼지고기나 닭고기를 먹이로 주었다. 그런데 한 번은 왜가리가 사육장에 함께 넣어서 기르던 금계(꿩 종류)를 쪼아 죽이고 뜯어먹은 사건이 있었다.

맹금류도 아닌 왜가리가 꿩과 같은 새를 잡아먹는다고는 언뜻 생각하기 어려우나 이것이 자연계의 현상이 아닐까? 필자는 까마귀가 비둘기를 잡아먹는 것도 본 일이 있다.

인간의 관점을 조금만 벗어나서 보면, 인간이 코끼리나 고래를 잡아먹는 것과 다를 것 없는 행동이다. 무엇이 다르겠나. 잡을 수 있고 먹을 수 있는 것은 무엇이나 다 먹는 것이 자연의 섭리일 것이다.

왜가리는 우리나라에서 여름에 볼 수 있는 철새로 알려져 있는데, 남부 지방에서 월동하는 것도 많고 특히 거제도에서는 한겨울인 12월에 산란, 번식하는 것들도 상당수 있어 정확한 생태를 이해하기 어려운 점이 있다.

왜가리는 논, 냇가, 강가, 늪과 호수 등에서 많이 볼 수 있으며, 거제도와는 달리 다른 지역에서는 주로 5월경에 중대백로, 중백로, 소백로, 황로, 해오라기 등 백로과에 속하는 다른 종류와 혼성군混成群을 이루어 수많은 개체가 집단으로 번식한다.

둥지는 높다란 나무에 엉성하게 만들고, 한배에 보통 4개의 알을 낳는다. 알이 부화하면 어미 새는 주로 물고기를 잡아 와서 새끼에게 먹이는데, 때로는 너무 큰 물고기를 물고 와서 새끼가 이를 먹지 못하고 둥지가 있는 나무 밑에 떨어뜨려 놓는 모습을 볼 수 있다. 또 어린 새끼가 어쩌다가 둥지에서 떨어지면 어미 새는 둥지 밖의 새끼에게는 먹이를 잘 공급하지 않으므로, 떨어진 새끼는 굶어 죽거나 족제비나 고양이에게 잡아먹히기도 한다.

도요새

도요새란 한 종류의 새 이름이 아니다. ● 도요새류에는 수십 종이 있는데 작은 것은 메추리보다 작고 큰 것은 까투리(암꿩)보다 크다. ● 대부분의 도요새는 툰드라 등 북극권에서 번식하고 동남아나 뉴질랜드, 오스트레일리아 등에서 월동한다. ● 연중 봄과 가을에 멀리 이동 중에 잠깐 우리나라에 들르는 나그네새이다.

큰 조개는 입맛에 안 맞아서

마도요

도요새와 조개가 싸우면 누가 이길까?

도요새를 소재로 한 고사성어에 '어부지리漁夫之利' 라는 말이 있다. 원래 '방휼지쟁 어부지리蚌鷸之爭 漁夫之利' 를 줄여 쓴 성어로, 대합조개蚌와 도요새鷸의 싸움에 어부가 이익을 보는 이야기이다.

해변에 대합조개(백합)가 입을 벌리고 있는 것을 도요새가 보고 조갯살을 빼어 먹으려고 긴 부리를 꽂자, 조개가 도요새의 부리를 물고 놓아주지 않는다. 도요새는 부리를 뽑으려고 안간힘을 쓰지만 큰 조개가 힘껏 부리를 물고 놓아주지 않으므로 도요새는 부리를 뽑지도 못하고 날아가지도 못한다.

놓아라 못 놓겠다는 식의 조개와 도요새의 사투가 벌어지고 있을 때, 지나가던 어부가 이 광경을 보고 아무런 힘도 안 들이고 둘 다 손쉽게 잡아서 귀한 도요새의 고기와 조개를 맛있게 먹었다는 고사에서 유래한 일종의 격언이다. 두 사람이 서로 다투는 통에 엉뚱한 사람이 이익을 봄을 이르는 말이다.

인간 세상에는 어부지리를 얻는 경우가 더러 있다. 또 어부지리를 얻기 위해 계획적으로 사람을 충동질하여 싸움을 붙이고 그 틈에서 이익을 노리는 사람도 적지 않다. 냉철한 판단 없이 감정에 얽매이거나 꾀임에 속아서 엉뚱한 사람에게 어부지리를 안겨주는 잘못을 범하지 말아야 할 것이다.

개인뿐만 아니라 단체나 국가 간에도, 강대국이 약소국들을 충동질하여 전쟁을 일으키게 하고 무기를 팔아먹는 등 어부지리가 있다. 어부지리와 비슷한 말로 '어부지공漁夫之功' 이라는 성어도 있다. 운이나 요행으로 노력 없이 공을 세웠을 때를 말한다.

어부가 대합조개와 도요새를 힘들이지 않고 잡아서 그 맛있는 고기를 먹을 수 있었다는 이야기 때문인지 도요새의 고기는 대단히 맛있다고 전해진다. 새고기鳥肉 중에서 맛있는 순위를 정하여 '일 도요一鷸, 이 메추라기二鶉, 삼 참새三雀' 라는 말도 있었다. 그리고 도요새 중에서도 봄가을에 주로 산야의 습지에서 간혹 볼 수 있는 멧도요와 겨울철에도 무논 등에서 볼 수 있는 꺅도요가 특히

맛있다고 했다.

도요새의 고기가 얼마나 맛이 좋기에 그 많은 새고기 중에서 첫째로 꼽았을까? 옛날부터 여러 종류의 새들 중 깃털 빛깔이 아름답거나 화려한 새는 고기 맛이 없으며, 수수한 빛깔을 가진 새는 고기 맛이 좋다는 말이 있다. 예를 들면 메추리, 참새, 멧비둘기, 꿩과 참오리(수컷의 빛깔은 예외), 멧도요, 꺅도요 등과 같은 빛깔의 새는 고기 맛이 좋다고 한다.

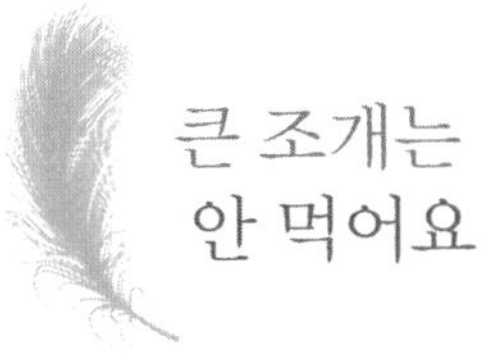

큰 조개는 안 먹어요

'어부지리' 는 널리 쓰이는 말이지만, 실제로 조개와 도요새의 싸움을 본 사람은 아무도 없다. 필자도 수십 년 동안 많은 종류의 도요새를 관찰했으나 대합이나 백합 등 큰 조개를 먹으려는 도요새는 보지 못했다. 뿐만 아니라 그와 같은 도요새와 조개의 싸움을 직접 보았다는 이야기를 듣거나 그러한 보고서를 본 적도 없다. 수많은 도요새 중 어떤 도요새도 대합이나 백합과 같은 큰 조개를 먹지 않으며 먹으려 하지도 않는다.

도요새와 근연종인 까치물떼새(검은머리물떼새)는 굴을 잘 잡아먹는다. 해변에서 조개류인 굴의 껍질을 부리로 벌리고 속을 꺼내 먹지만 굴에게 물리는 일은 절대로 없다. 그리고 까치물떼새는 굴도 먹지만 아주 작은 조개와 고동, 게 등을 통째로 잡아먹는다. 그러므로 조개와 도요새의 싸움이란 아예 있을 수 없는 일인데 옛사람들이 추측하여 지어낸 말이다.

까치물떼새(검은머리물떼새)

우리들이 보통 말하는 도요새(또는 도요)란 어떤 특정한 종의 새 이름이 아니고 도요과에 속하는 새들의 통칭이다. 우리나라에서 볼 수 있는 도요류 중 종달도요, 좀도요, 송곳부리도요와 같이 몸이 작은 것은 참새보다 조금 큰 정도이지만, 마도요나 알락꼬리마도요 같은 것은 거의 까투리(암꿩)만큼이나 크다. 알락꼬리마도요는 몸길이가 60센티미터 정도인데, 부리가 20센티미터를 넘는 것도 있어 몸에 비해 부리가 가장 긴 새라고 할 수 있다. 그리고 부리는 수컷보다 암컷이 길며 나이가 들수록 길어진다.

마도요나 알락꼬리마도요처럼 큰 도요새도 대합이나 백합 같은 큰 조개는 먹지 않고

알락꼬리마도요

주로 작은 게를 잡아먹는데, 긴 부리로 진흙 구멍 속의 게를 잡아먹는 행동을 보면 참 재미있다.

깝작도요와 호사도요 등 몇몇 종의 도요새는 우리나라에서도 소수가 번식하지만, 대부분의 도요류는 시베리아의 늪지대나 툰드라 등 유라시아 대륙의 북쪽 북극권에서 많이 번식하며 가을철

갯도요(민물도요) 좀도요

세가락도요 마도요

동남아시아 지역이나 오스트레일리아까지도 멀리 이동하여 월동한다.

그러므로 많은 도요새류는 번식지와 월동지 사이를 왕래할 때 우리나라를 통과하는 이른바 나그네새로서, 대부분 봄과 가을철에 볼 수 있는 철새이다.

그러나 낙동강 하구와 같은 우리나라 남부에서는 겨울철에 월동하는 도요새도 어느 정도 볼 수 있는데, 주로 갯도요(민물도요), 좀도요, 세가락도요, 마도요 등이다. 도요새류는 대부분 강이나 바닷가 등 습지의 모래밭과 개펄에서 먹이를 구하는 섭금류이다.

장거리 비행의 대가

도요새는 멀리 나는 새로 유명하다. 도요목의 물떼새류와 도요류의 대부분은 매년 유라시아 대륙의 북쪽 시베리아와 툰드라 등 북극권에서 동남아시아의 여러 지역이나 오스트레일리아 등으로 이동하므로 멀리 나는 새임은 분명하다. 이들은 봄과 가을 번식지와 월동지 사이를 정기적으로 왕래한다. 도요류는 이동 거리가 대단히 멀기 때문에 이동 경로 곳곳의 중간 지역에 들러 먹이를 취하면서 에너지를 보충하는데, 종류에 따라서는 태평양과 같은 넓고 먼 거리를 논스톱으로 건너는 것도 있다.

봄과 가을에 도요류를 채집하여 조사해 보면, 이동 직전이나 이동 초기의 것은 장거리 이동에 필요한 에너지원으로써 많은 지방을 비축하고 있다. 때로는 체중의 삼분의 일 내지 반 정도나 되는 많은 지방을 저장하고 있는 경우도 있다.

우리나라의 낙동강 하류와 서해안 여러 곳의 넓은 개펄은 도요류의 이동 경로에서 중요한 중간 기착지인데, 장거리를 운행하는 비행기에 비교하면 중간 급유소와 같다.

그러므로 개펄이 오염되어 도요류의 먹이가 부족하거나 개발에 의해 개펄이 없어지면 많은 도요류가 먹이를 구하지 못해 죽거나 설령 번식지에 도착하더라도 몸이 쇠약하여 번식을 하지 못하게 되는데, 특히 희귀종이나 소수종은 결국 멸종할 우려가 있다.

낙동강이 오염되지 않고 개발되기 전에는 봄과 가을에 수만 수십만 마리의 각종 도요새가 하구의 삼각주를 뒤덮다시피 했으나, 지금은 당시와는 비교도 할 수 없을 정도로 수가 감소하여 참으로 안타깝다.

목욕을 하다 물에 빠져 죽는다고?

머리를 감고 몸을 씻는 목욕은 사람뿐만 아니라 여러 동물에서도 볼 수 있다. 호랑이, 곰, 멧돼지, 너구리, 족제비 그리고 거대한 코끼리와 아주 작은 쥐까지 각종 포유류가 종종 물에 들어가서 몸을 씻고, 새도 가장 작은 벌새로부터 가장 큰 타조에 이르기까지 많은 종류가 씻는 행위를 좋아한다.

동물들의 목욕은 몸에 붙은 먼지나 더러운 때와 외부 기생충 및 병균을 제거하고, 혈액 순환을 좋게 하며 체온 조절을 하는 등 여러 가지 효과가 있다. 새들은 주로 물에서 씻는 수욕을 많이 하지만 그 외에 일광욕, 토욕, 연욕, 의욕 등 여러 가지 방식으로 목욕을 한다.

수욕水浴

대다수의 새는 꽤 자주 씻는다. 산야에 흐르는 개울이나 냇물, 강물 또는 바닷물에서 새들은 깃털을 물에 적신 후, 몸을 심하게 흔들어 물기를 터는 동작을 반복함으로써 몸에 묻은 먼지와 기생충을 털어 낸다.

하지만 물이 있다고 해서 아무 곳에서나 수욕을 하는 것은 아니다. 새가 좋아하는 곳은 물이 맑고 잔잔하며 물 깊이가 자신의 발목이 잠길 정도의 얕은 곳이다. 소형 새는 물 깊이가 대체로 3센티미터 내외로 얕은, 산속의 흐르는 물이나 고여 있는 맑은 물을 좋아한다. 또한 주변이 트인 곳을 좋아하는데, 이유는 주변에 풀숲이나 덤불이 있으면 외적(포식자)이 숨어 있을 위험성이 있기 때문이다.

오리류와 갈매기류 같은 물에 사는 새들은 강이나 호수, 해안 등의 잔잔한 수면에 몸을 띄우고 머리를 물속에 담그기도 하며, 또 날개를 수면에 치면서 씻는다. 물총새나 빗죽새(직박구리) 등은 공중에서 물에 뛰어들었다 날아오르는 동작으로 수욕을 하고, 제비는 수면 위를 낮게 날아다니면서 순간적으로 몸을 물에 적신다. 이와 같이 새는 종류에 따라 수욕 방법에 여러 가지 차이가 있다. 새는 하루에도 몇 번씩 목욕을 하는데, 몹시 추운 한겨울도 예외가 아니다.

그런데 뜻밖에도 목욕을 하다 물에 빠져 죽는 새도 있다. 필자가 잘 아는 모 씨는 넓은 뜰에 여러 가지 정원수를 많이 심었는데, 각종 새들이 많이 날아들었다. 그는 새가 물을 좋아한다는 말을 들은 게 생각나서 정원의 숲속에 큰 대야를 놓고 물을 가득 채워 놓았다. 그랬더니 이상하게도 대야의 물속에 작은 새가 종종 빠져 죽는다고 했다.

필자가 가서 확인해 보니 박새와 동박새 등이 종종 대야의 물에 익사하는 것이었다. 필자는 대야에 모래를 많이 넣어 물 깊이를 얕게 하고 물속에는 돌멩이를 한두 개 넣어서 새가 목욕할 때 발판을 만들어 주도록 하였는데, 그 후로는 새의 익사 사고가 일어나지 않았다.

새는 씻고 싶은 본능적 충동으로 물에 들어가지만, 물이 너무 깊고 발판이 없으면 젖은 날개로는 날아오르지 못하므로 밖으로 나오지 못하고 물에 빠져 죽는 수가 있다. 새끼 오리를 기르면서 큰 대야에 물을 가득 담아 주었더니 물속에 들어간 새끼 오리들이 나오지 못하고(발판이 없으므로) 여러 마리가 익사했다는 경험담을 들은 적도 있다.

새들은 수욕을 마치면 몸을 말리면서 깃털을 고르고 꼬리 쪽에 있는 기름샘에서 부리로 기름을 짜내어 바르는 등 깃털을 손질하는데, 깃털을 손질할 때는 대부분 부리를 이용한다.

일광욕日光浴

새가 젖은 깃털을 말리기 위해 날개와 꽁지깃 등을 넓게 펼치고, 머리와 몸의 깃털을 세우면서 햇볕을 쬐는 것을 볼 수 있다. 이와 같은 동작은 특히 가마우지에서 자주 보인다. 가마우지는 물속에서 활동한 후 바위나 모래밭에 올라와서 날개깃과 꽁지깃을 활짝 펼치고 햇볕을 쬔다.

여러 종류의 새들은 꼭 깃털이 물에 젖은 경우가 아니더라도 종종 날개와 꽁지깃을 펼치고 몸의 깃털을 세우면서 햇볕을 쪼이는데, 이를 일광욕이라 한다. 일광욕은 새뿐만 아니라 포유류와 양서류, 파충류 등에서도 볼 수 있다. 일광욕을 하면 몸에 붙은 기생충을 제거하고 살균 소독도 하며, 기온이 낮을 때는 체온을 상승시키는 효과도 있다.

토욕土浴

흙이나 모래를 이용하는 목욕을 토욕 또는 사욕砂浴이라 한다. 토욕을 하는 새는 깃털이나 피부에 붙은 기생충을 털어 내기 위해 마른 흙이나 모래를 온몸에 뒤집어쓰고 깃털을 흙에 비빈다.

새뿐만 아니라 포유류도 토욕을 한다. 소나 말이 종종 땅에 뒹굴면서 흙에 몸을 비비는 동작을 하는데 이것 역시 일종의 토욕이다. 또 멧돼지와 코끼리 같은 동물은 수욕도 하지만 진흙탕에 들어가서 뒹구는데 이를 이욕泥浴이라 하며 역시 토욕에 해당한다.

토욕은 참새, 종다리, 메추라기, 꿩, 닭 등 여러 종류의 새들에서 볼 수 있으며, 특히 지상 생활을 주로 하는 새들이 토욕을 좋아한다. 토욕을 할 때 새들은 부드러운 흙이나 모래땅에서 부리와 발로 흙을 긁어내어 조금 움퍽하게 만들고, 그 속에 엎드려서 깃털을 세우고 머리와 날개 및 다리를 전후

좌우로 흙에 비비고 또 날개를 퍼덕여 온몸의 깃털 사이에 모래나 흙이 들어가게 한다.

이윽고 몸을 일으켜 온몸을 심하게 흔들어 깃털 사이에 들어간 모래나 흙과 함께 기생충을 털어 낸다. 산야를 다녀 보면 여러 마리의 꿩이 토욕을 한 흔적을 종종 볼 수 있으며, 드물게는 멀리서 토욕을 하고 있는 장면도 볼 수 있다. 새들은 대체로 양지바르고 평평하며 흙이 부드러운 곳에서 토욕을 한다.

연욕煙浴

수욕이나 일광욕 또는 토욕을 하는 것과 같은 목적, 즉 몸에 붙어 있는 기생충을 제거하기 위해 새가 굴뚝에서 나오는 연기를 쐬는 것을 연기 목욕 즉 연욕이라 한다.

연욕은 매우 드물게 보는 새의 목욕 방법으로, 유럽에서는 갈가마귀와 흰점찌르레기가 연욕을 하는 것으로 보고되어 있으며 일본에서는 물까치와 파랑새 등에서 연욕이라고 생각되는 행동을 하는 모습이 관찰되었다.

저광이(말똥가리)

연욕인지 아닌지는 모르겠으나 필자는 오래전 저광이(말똥가리)가 목욕탕 건물의 높은 굴뚝 꼭대기(연기가 나오는 곳)에 앉아 있거나 밤에 그곳에서 잠을 자는 것을 여러 번 본 일이 있다.

그런데 새가 연욕을 하는 이유를 기생충을 제거하기 위한 행동이라고 보는 학자도 많지만, 필자는 다소 다른 견해를 갖고 있다. 즉 어떤 새가 굴뚝에서 나오는 연기를 쐬는 것을 기생충을 제거하기 위한 행동이라고 볼 수도 있겠으나, 연기는 대체로 따뜻하므로 겨울의 추위를 덜기 위해 또는 겨울이 아니더라도 추위를 느꼈을 때 마치 난로 가까이 다가가듯 따뜻한 연기에 접하는 일종의 피한 행동避寒行動이라고 생각할 수도 있다. 따뜻한 물에 목욕하는 것처럼 추위를 피하는 방법으로 따뜻한 연기를 쐬는 행동도 일종의 목욕(연욕)이라 할 수도 있겠으나, 연욕에 관해서는 좀 더 많은 연구가 있어야 할 것이다.

의욕蟻浴

퍽 드물게 보는 새의 목욕 방법인데, 개미를 이용해 몸에 붙은 기생충을 퇴치하는 방법이다. 외국에서는 찌르레기, 어치, 물까치, 큰부리까마귀 등에서 의욕이 보고되었다.

찌르레기

이들 새는 개미집이나 개미의 행렬을 발견하면 적극적으로 개미 무리에게 몸을 비비대어 많은 개미가 자신의 몸에 기어올라 깃털 속에 파고들게 한다는 것이다. 개미를 깃털 속에 끌어들이는 행동이 토욕이나 수욕과 닮았고 기생충을 제거한다는 목적도 같으므로, 개미 목욕 즉 의욕이라 부른다.

새의 깃털 속으로 기어 들어간 개미들은 진드기와 이 등의 기생충을 직접 물어 죽이기도 하지만 개미의 몸에서 분비되는 강력한 살충력을 가진 개미산이 기생충을 죽이거나 새의 몸에서 떨어져 나가게 한다는 것이다. 개미를 이용해 기생충을 제거하는 것은 고도의 지능적 행동 같지만, 새는 그와 같은 높은 지능이 없으므로 어떤 동기에서 익힌 행동인지는 모르겠으나 우연히 터득한 본능적인 행동으로 볼 수 있다.

두루미 학은 왜 한쪽 다리로 서 있을까

몸길이 130~145센티미터이며 목과 다리가 긴 고상한 자태를 지녔다. • 번식지는 중국 북동부, 아무르 강 중류, 우수리 강 유역, 일본의 홋카이도 동부이며, 대륙에서 번식한 두루미들은 겨울철에 남쪽으로 이동하나 일본 홋카이도산은 이동하지 않는다. • 한국에는 겨울새 또는 나그네새로서 도래하는데 판문점 부근과 철원 등 비무장 지대에서 해마다 소수가 월동한다. • 두루미라는 이름은 '뚜룸- 뚜룸-' 하고 우는 울음소리에서 유래했다.

재두루미

새 중의 새

두루미라는 새를 한자로 학鶴이라 쓴다. 그러므로 '두루미'와 '학'은 같은 새를 두고 부르는 다른 이름이다. 두루미라는 이름은 울음소리에서 유래한 의성어이다. 기관지의 기부에 있는 명관(울대)이 내쉬는 공기에 의해 떨리면서 생긴 소리가 나팔관처럼 긴 숨관을 타고 나올 때 '뚜룸 뚜룸' 하고 울려 퍼지는데, 울음소리가 매우 크고 우렁차게 들린다.

수많은 새 중에서 두루미만큼 자태가 우아하고 고귀하게 생긴 새도 없을 것이다. 두루미는 부리 끝에서 꼬리 끝까지 몸길이가 1미터 40센티미터 정도이고, 서 있을 때의 키가 1미터 50센티미터나 되며 양 날개를 펴면 약 2미터에 달하는 큰 새이다. 온몸이 순백색이나 턱 밑에서 목 옆으로는 검으며 이마와 앞머리는 빨간 진홍색이고, 날개 끝은 검은 빛깔이다. 꼬리도 흰색이지만 매우 짧기 때문에 날개를 접으면 날개 끝의 검은 부분이 꼬리를 덮어, 서 있을 때는 마치 꼬리가 검은 것처럼 보인다.

두루미는 예전부터 품위 있는 빛깔과 고고한 자태로 새 중의 새라고 불렸다. 임금이 타는 수레를 봉가鳳駕라 하고, 왕세자가 타는 수레 또는 왕세자가 대궐 밖으로 나가는 일을 학가鶴駕라고 부르는 것도 두루미(학)를 봉황새와 견줄 만큼 존귀한 새로 보기 때문이다.

평범한 여러 사람 가운데 뛰어난 사람이 함께 있을 때 이를 비유하여 '계군일학鷄群一鶴'이라 한다. 즉 닭의 무리 속에 한 마리의 학(두루미)이 함께 있다는 뜻이다. 《신서晋書》〈혜소선嵇紹傳〉에 나오는 말로서, '군계일학群鷄一鶴', '계군고학鷄群孤鶴' 또는 '계군학鷄群鶴'이라고도 한다.

두루미는 별명도 여러 가지이고 성어나 속담에도 많이 인용된다. 머리 위가 붉으므로 단정 또는 단정학丹頂鶴, 몸이 순백색이므로 백학白鶴 또는 백두루미, 빛깔과 자태가 신선처럼 고귀하다 하여 선학仙鶴 또는 선금仙禽이라고도 하며 그 외에 야학野鶴, 태금胎禽, 노금露禽이라고도 부른다. 우리 속담이나 성어에도 학을 소재로 한 것이 많다.

학도 아니고 봉도 아니고 : 행동이 분명하지 않거나 사람이 뚜렷하지 못함을 이르는 말, 또는 괜찮은 것으로 보았는데 아무것도 아니라는 뜻.

학 다리 구멍을 들여다보듯 한다 : 어떤 물건을 골똘히 들여다보는 모습.

그런데 이 속담에서는 학과 백로류를 혼동한 것 같다. 백로류는 물가에서 혹은 다리 밑에서 움직이지 않고 가만히 서서 물속

돌구멍에 작은 물고기가 드나드는 것을 지켜보다가 물고기가 가까이 오면 부리로 찍어 잡는데, 이처럼 무엇을 뚫어지게 보고 있는 행동과 같다는 뜻이다. 그러나 학은 이와 같은 행동을 절대로 하지 않으므로 속담의 '학'은 분명 백로류를 혼동했을 것이다.

두루미 꽁지 같다 : 짧고 더부룩하게 많이 난 수염이나, 기타 물건이 더부룩하고 많은 것을 이르는 말.

이 속담도 두루미의 형태를 잘 모르고 지어낸 것이다. 두루미 즉 학은 꽁지(꼬리깃)가 매우 짧으며 더부룩한 모양이 아니다. 두루미는 꼬리가 짧으므로 서 있을 때는 접은 날개 끝이 꼬리를 덮는다. 그래서 날개 끝의 더부룩한 치레깃이 꼬리(꽁지)처럼 보이므로 날개 끝을 꼬리로 착각한 것이다.

학목 : 사슴목이라는 말과 같은 뜻으로 목이 긴 사람을 두고 이르는 말이다. 다리가 긴 사람을 학다리라고도 한다.

두루미는 목이 길므로 두루미처럼 목을 길게 늘여 기다리는 것, 즉 몹시 기다리는 것을 학수고대鶴首苦待라 한다. 또 학처럼 목을 길게 빼고 바라본다는 뜻으로, 간절하게 바라는 것을 학망鶴望, 학기鶴企, 학립鶴立이라 한다.

사기나 도기 그릇 가운데 목이 좁고 길며 아가리가 작고 배가 둥근 단지병을 '두루미' 라고 하는데, 술을 넣는 것을 '술두루미', 간장을 넣는 것을 '간장두루미' 라고 부른다. 이때 두루미라는 이름은 그릇(단지병)의 모양, 특히 단지의 목이 긴 것이 두루미라는 새의 생김새와 닮은 데에서 유래한 것이다.

사물의 이름 앞에도 두루미 또는 학鶴이라는 접두어가 많이 붙는다. 두루미냉이, 두루미꽃, 두루미천남성 등은 식물의 어떤 부분이 두루미라는 새의 특정한 부분과 닮았기 때문에 붙은 이름들이다.

또 벼슬아치가 갓 아래 받쳐 쓰는 탕건의 윗이마를 학정鶴頂이라 불렀는데, 학의 이마가 붉은 선홍색을 띠고 있고 학을 고귀한 새로 여겼기 때문이다. 그리고 조선 시대에 종 2품 벼슬아치가 두르던 띠를 학정금대鶴頂金帶라고 불렀는데, 이것도 역시 가장자리가 황금빛이고 가운데 붉은 장식을 붙였기 때문에 붙은 이름이다.

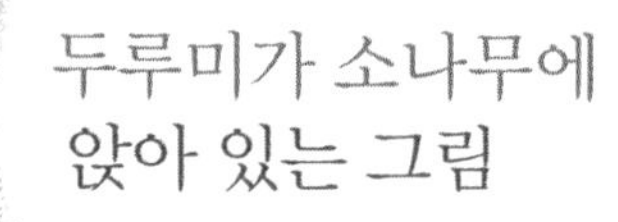

두루미가 소나무에 앉아 있는 그림

두루미는 신선처럼 고상하게 생겼으므로 수명도 신선처럼 오래 살 것이라고 여겨졌다. 그래서 오래 사는 대표적인 동물을 꼽을 때 '학은 천년을 살고 거북은 만년을 산다' 라고 했으며, 장수를 비유해서 학구鶴龜(두루미와 거북)라 했다. 또 오래 산 늙은이의 연령을 학령鶴齡이라 하고, 학수鶴壽라는 말로 장수를 축하했다. 하얗게 센 머리털 또는 하얗게 센 백발의 늙은이를 학발鶴髮이라고 부르기도 한다.

그러나 실제로 두루미의 수명은 40~50년이고 거북은 200년 정도라고 하는데, 옛날 사람들은 이와 같은 사실을 모르고 장생불사長生不死의 상징으로 십장생十長生을 꼽으며 여기에 두루미를 포함시켰다. 십장생이란 해日, 산山, 물水, 돌石, 구름雲, 소나무松, 불로초不老草, 거북龜, 학鶴, 사슴鹿을 말한다.

헌데 십장생 중에서 특히 보기 좋은 소나무와 학을 함께 일컬어 송학松鶴이라는 말을 자주 쓴다. 송학은 아름다움과 고고함, 지조와 기개를 상징한다. 소나무에 두루미가 앉아 있는 이와 같은 그림은 달력이나 여러 화첩에서 종종 볼 수 있다.

그러나 두루미가 소나무에 앉아 있는 그림은 두루미의 생태와는 전혀 맞지 않는 틀린 그림이다. 즉 두루미는 절대로 소나무에 앉는 새가 아니다. 소나무는 물론 두루미는 나무 위에 앉는 법이 없다. 두루미는 나무가 없는 넓은 벌판의 습지에 살며, 3~4월 번식기에는 습지 주변의 땅 위에 갈대 줄기와 잎을 모아서 큰 둥지를 만들고 보통 2개의 알을 낳는다.

소나무에 잘 앉으며 나무 위에 둥지를 만드는 새 중에 목과 다리가 길고 몸이 큰 새는 왜가리, 대백로, 중백로 등의 백로류이며, 몸이 두루미만큼 크고 두루미를 많이 닮은 황새도 나무 위에 둥지를 만들지만 소나무에는 거의 앉지 않는다. 몇몇 종류의 새를 제외하고 대부분의 새는 소나무를 좋아하지 않는데 그 이유는 끈적끈적한 송진이 깃털에 묻으면 깃털이 상하기 때문이다.

백로와 헷갈려요

백로류와 황새도 온몸이 희고(왜가리는 회색) 목과 다리가 긴 큰 새들로서 언뜻 생김새가 두루미와 닮은 것 같으나 자세히 보면 전혀 다르다. 백로류는 두루미와 비슷한 것 같지만 두루미보다 몸이 훨씬 작고 머리 위가 붉지 않으며, 부리와 다리의 빛깔도 다르고 그 외에도 여러 가지 차이가 있다. 날아가는 모양을 보면 백로류는 목을 S자 모양으로 움츠리고 날지만 두루미류는 목을 곧게 뻗고 날므로, 멀리서 날아가는 모양만 보아도 쉽게 구분할 수 있다.

그리고 황새는 온몸이 희고 크기가 두루미와 거의 같으며 날아갈 때 두루미처럼 목을 곧게 뻗고 날지만, 머리 위가 붉지 않고 순백색이며 부리와 다리(발)의 빛깔도 다르다. 즉 두루미의 부리는 녹갈색이지만 황새의 부리는 훨씬 굵고 붉은 빛이 섞인 어두운

두루미 재두루미

대백로 중백로

흑색이다. 또 두루미의 다리는 흑색이지만 황새의 다리는 암적색이다.

이와 같이 형태와 생태 등에 뚜렷한 차이가 있으나 그러한 특징은 살피지 않고 목과 다리가 길고 몸이 큰 새는 모두 '두루미' 즉 '학' 이라고 부르는 사람이 많다.

두루미는 시베리아의 우수리 강 유역과 중국 북동부의 아무르 강 유역 및 일본의 홋카이도 동부에서 번식하는데, 이들 중 일본의 것은 이동하지 않으나(그 지역의 텃새) 대륙에서 번식한 것은 남쪽으로 이동해서 겨울을 나는 철새이다. 우리나라에는 판문점과 철원 부근의 비무장 지대에서 소수가 월동하는 겨울새이다.

두루미는 국제보호조이며 한국에서도 천연기념물 및 멸종 위기종으로 지정하고 있다. 두루미는 현재 전 세계에 살고 있는 수가 3,000마리 미만이라 한다(일본의 홋카이도에 약 1,000마리, 중국의 아무르 강변에 250마리 정도 등). 그리고 재두루미는 약 7,000마리로 추산하고 있다.

그리고 황새는 과거 한국의 여러 곳에서도 번식했으나 현재는 극히 드물게 볼 수 있는 겨울 철새이고, 백로류는 우리나라 여러 곳의 소나무 숲 또는 대나무 숲에서 집단 번식을 하는 흔한 여름새로서 남부 지역에 번식지가 많다.

우리나라 남부의 육지에 가까운 작은 섬들 중에는 백로류가 집단으로 번식하는 장소가 여러 곳 있다. 그러한 섬을 학섬鶴島이

두루미 무리에서 볼 수 있는 수컷 두루미의 춤

라 하고, 백로류가 번식하는 숲이 있는 마을을 학마을鶴村이라고 부르는데, 이 역시 두루미와 백로를 분간 못해 지어진 지명이라 하겠다.

또 우리나라 민속춤에 학춤鶴舞이라는 것이 있다. 두루미는 번식기에 수컷이 암컷 앞에서 춤(일종의 과시 · 구애 행동)을 추는데 이를 '학춤'이라 한다. 헌데 두루미 즉 학은 우리나라에서 번식을 하지 않으므로 우리나라에서는 학춤을 볼 수 없다. 따라서 우리 민속 학춤도 백로류의 과시 · 구애 행동을 보고 만든 것이거나, 아니면 학의 진짜 춤은 보지 못하고 추측으로 만든 동작이 아닌가 싶다. 실제로 두루미와 백로류의 과시 · 구애 행동은 전혀 다르다.

학이 한쪽 다리로 서 있는 까닭은?

사람들이 자주 묻는 질문 가운데 '학은 왜 한 다리로 서 있는가' 라는 의문이 있다. 예전에 여러 동물의 재미있는 생태에 관한 내용을 담은《학은 왜 한쪽 다리로 서서 잘까?》라는 일본 책을 읽은 적이 있다.

이 책에서 해설자 시바타 토시타카 씨는 학이 한쪽 다리로 서 있는 이유를 "한쪽 다리를 들어서 배의 깃털 속에 발을 묻어 가림으로써, 피부의 노출 부위를 줄여 겨울철에 체온 발산(손실)을 줄이기 위해서"라고 했다.

그렇다면 더운 여름철에 한쪽 다리를 들고 서 있는 이유는 어떻게 설명할 것인가? 학이나 황새가 한쪽 다리를 들고 서 있는 이유에 대한 우스갯소리로 '두 다리를 모두 들면 자빠지기 때문이다' 라는 말이 있는데, 체온의 손실을 감소시키기 위해서라는 자의적인 해석은 두 다리를 모두 들면 자빠지기 때문이라는 말과 비슷한 엉터리 해설이다.

체온 손실을 막기 위해 학이 한쪽 다리를 들고 서 있는다고 한

한쪽 다리로 서 있는 두루미

시바타 씨는 〈동물의 잠〉이라는 글에서, "두견이는 잠도 자지 않고 밤낮으로 계속 울어대므로 피를 토하는 경우도 있다"라고 했다. 동물의 생태를 제대로 모르는 무시한 소리다. 많이 울기 때문에 피를 토하는 새는 지구상에 없다.

두견이의 입속이 핏빛처럼 붉은 것을 보고 옛사람들은 두견이가 너무 울어서 피를 토했기 때문이라 생각했는데, 이를 아무 의심 없이 믿는 것은 지성인의 자세가 아니다. 우리 주변에는 모르면서 아는 체 거짓말을 하는 사람이 많은데, 모르면 말하지 않는 것이 지성인의 양심이다. 자연 현상을 명백한 근거 없이 자신의 부족한 지식을 토대로 자의적으로 해석해서는 안 된다.

그렇다면 두루미가 외다리로 서 있는 정확한 이유는 무엇일까? 아주 쉽고 간단한 이치를 모르고 어렵고 복잡하게 해석하려는 사람이 많다. 사람들은 종종 의자에 앉을 때 한쪽 다리를 다른 쪽 무릎 위에 얹고 앉는다. 무엇 때문에 그러한 자세를 취하는가? 이것은 학이 한쪽 다리를 들고 외다리로 서 있는 것과 꼭 같은 것이다.

이유는 그런 자세를 취하는 것이 '편하기 때문'이다. 한쪽 다리를 들면 그 다리가 바닥에 놓인 다리에 비해 혈액 순환이 조금 더 잘될지도 모르지만, 사람들이 그러한 이유로 다리를 꼬지는 않는다. 오히려 '편하기 때문'이라는 것이 정확한 이유이다.

자연 현상을 설명할 때 단순한 원리를 모르고 복잡한 이유를 만들어서 억지 해석을 하는 경우가 많은데, 이는 꼭 자연 현상에 만 국한된 일은 아닐 것이다.

황새

두루미와 닮았으나 특히 부리가 굵고 검붉은 빛깔을 띠었다. ● 유럽에서는 매우 사랑받는 새이나 그 수가 점점 줄어들고 있는데, 원인은 습지의 감소와 농경지에서의 농약 살포에 의한 먹이 감소 때문이라고 한다. ● 한국에는 과거 1940년대까지는 전국적으로 도래 번식하는 텃새 또는 여름새였으나 현재는 극히 드물게 도래하는 겨울새 또는 나그네새이다.

남획으로 멸종한 텃새

지금은 사라진 텃새

옛날 수수께끼 중에 '푸럭 날아오더니 쿡 집어 먹고는 푸럭 날아가더라' 라는 것이 있다. 황새를 두고 한 말이다. 황새 한마리가 무논(물이 괴어 있는 논)에 날아와서 우렁이 한 마리를 집어 먹은 후 훌쩍 날아가는 행동을 나타낸 말이다.

속담에 '황새 여울목 넘겨다보듯' 이라는 말은 목을 빼어 무엇을 은근히 엿보는 모습을 일컫는 말이며, '황새 조알 까먹은 것 같다' 란 너무 적어서 정도에 차지 않거나 또는 명색만 그럴싸하고 실속이 없음을 이르는 말이다.

그런데 이들 속담은 황새의 생태와는 맞지 않는 표현들이다. 황새의 큰 부리로는 조알(좁쌀의 낟알)을 집을 수도 없을 뿐만 아니라, 곡식 알맹이는 먹지 않는다. 또 황새는 여울목과 같은 물가에서 목을 빼어 무엇을 은근히 엿보는 행동은 하지 않는다. 이와 같은 행동을 하는 것은 황새가 아니라 백로이다.

많은 사람들이 황새, 두루미, 백로 등을 잘 구분하지 못하여, 목과 다리가 길고 물가에 사는 흰 빛깔의 큰 새는 모두 황새 또는 학이라 부르는 경향이 있다.

황새는 식물성 먹이는 거의 먹지 않고 주로 물고기, 우렁이, 개구리, 작은 뱀, 대형 곤충 등 동물성 먹이를 먹는다. 사람들이 황새가 무엇을 먹는지 잘 알았다면 '황새 조알 까먹은 것 같다' 라는 속담은 아마도 '황새 송사리 한 마리 먹은 것 같다' 라고 하지 않았을까? 경상도 지방에서는 '황새 고동(우렁이) 한 마리 먹은 것 같다' 라고도 하는데 이는 황새의 먹이를 잘 알고 말한 적절한 표현이라 하겠다.

이외에도 긴 다리로 성큼 성큼 걷는 걸음을 '황새걸음' 이라 하며, 남이 한다고 하여 제 힘에 겨운 일을 억지로 하면 도리어 큰 화를 당한다는 뜻으로 '뱁새가 황새걸음 걸으면 가랑이가 찢어진다' 라는 말을 쓰기도 한다.

뱁새

헌데 이 속담에 나오는 '뱁새' 란 산야의 대나무 숲이나 덤불 속에 수십, 수백 마리가 떼 지어 있는 것을 흔히 볼 수 있는, 참새보다 훨씬 작은 새이다. 이 새는 '붉은머리오목눈이' 라는 매우 잘못된 이름으로도 알려져 있다. 경상도 지방에서는 '비비새' 라고도 부르는 이 새는 머리가 붉지도 않고 온몸이 연한 적갈색이며 '오목눈이' 라는 새와는 근연종도 아닌데, 이 새를 붉은머리오목눈이라는 이름으로 부르는 것은 배우는 아이들에게 사물의 개념을 흐리게 할 위험이 있다. 속담에도 나오듯 옛날부터 우리 조상들이 부르던 뱁새라는 예쁜 이름이 엄연히 있는데도, 무엇 때문에 붉은머리오목눈이라는 엉터리 이름으로 바꾸었는지 그리고 조류 도감 등 여러 책자에도 엉터리 이름으로 기재하는지 기가 찰 일이다.

산야에 나는 식물의 이름에도 '황새' 가 들어가는 황새풀, 황새냉이, 황새승마 등이 있고, 등롱燈籠을 거는 쇠를 황새목이라 하며, '황새알' 이라는 마을 이름도 있었다.

부산 거제동에 있는 부산교육대학교 부근의 마을을 이전에는 황새알이라고 불렀다. 황새알이란 '황새가 많은 들판' 또는 '황새 마을' 이라는 뜻이다. 필자가 어릴 때 황새알이라는 이 들판에서 많이도 뛰놀았다.

여름철 논두렁을 다니면서 잠자리(왕잠자리)도 잡고 작은 수로에서 물고기도 낚았다. 필자는 어린 시절 그와 같은 놀이를 좋아했다. 퍽 오래된 기억이지만 황새알이라는 그 들판에 백로류가 많았다는 것은 확실하다. 그렇지만 살못 본 탓인지 황새를 본 기억은 없다.

앞에서도 말했듯이 사람들이 백로류를 황새로 잘못 인식하여 황새알이라는 이름을 붙인 것 아닌지 모르겠다.

황새의 둥지

어떻든 세속적 사물에 대한 비유나 속담 등에 황새가 많이 등장하는 것을 보면, 옛날에는 우리 주변에서 황새도 흔히 볼 수 있는 새였음을 짐작할 수 있다.

필자에게 새에 관한 것을 많이 가르쳐 주셨던 지금은 작고하신 고바야시 게이스케 선생님의 회고담에 의하면, 한국의 여러 곳을 다니며 새를 조사하던 1930년대에는 시골 마을에 있는 큰 나무에 황새가 둥지를 틀고 있는 모습을 종종 보았으며 특히 북한에서 많이 보았다고 했다.

그러나 지금은 한국에서 황새를 보기 힘들다. 1971년 충청북도 음성군 생극면에서 둥지를 틀고 있는 황새 한 쌍 중 수컷을 총으로 쏘아 죽인 불행한 사건이 있은 후 한국에서는 황새의 번식이 끝나버렸다. 당시 황새를 쏘아 죽인 범인이 구속되기도 했지만, 생각할수록 안타깝고 가슴 아픈 일이다.

예전에는 황새가 우리나라에서 여름새 또는 텃새로서 전국의 곳곳에서 번식을 했다. 그러나 지금은 시베리아와 중국 동북부 및 연해주 등 북쪽 지방에서 번식한 것들이 월동하기 위해 남쪽으로 이동하면서 소수가 우리나라에 들러 잠깐 머무는 나그네새이거나, 간혹 우리나라에서 겨울을 나는 모습을 볼 수 있을 뿐이다.

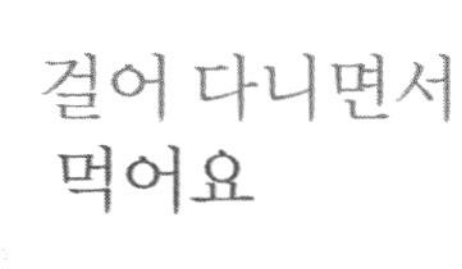

걸어 다니면서 먹어요

황새는 새 중에서는 대단히 큰 새이다. 부리 끝에서 꼬리 끝까지의 몸길이가 1미터 15센티미터 정도이고, 양 날개를 펼치면 1미터 70센티미터나 되며 부리도 매우 커서 길이가 30센티미터 정도이다.

옛 문헌에 황새는 여러 가지 별명으로 기록되어 있다. 한새, 항새, 참항새, 관鸛, 관조鸛鳥, 백관白鸛, 백관자白鸛子, 흑구黑尻, 부금負金, 조군鵰君, 고의古衣, 한鷳 등 별명이 대단히 많다.

황새라는 이름은 '한새' 에서 유래했다는 설이 있는데, 한새란 '큰 새' 라는 뜻이다. '황소' 라는 이름이 '큰 소' 즉 '한소' 에서 유래했다는 설과 비슷한 이야기이다.

또 온몸이 순백색이지만 날개 끝 부분이 검기 때문에, 날개를 접고 서 있을 때는 날개 끝의 검은 부분이 희고 짧은 꼬리를 덮어 꼬리는 보이지 않고 몸 뒤쪽인 궁둥이(사실은 날개 끝)가 검은 것처럼 보이므로 흑구黑尻(검은 궁둥이)라는 별명도 붙었다.

그런데 황새뿐만 아니라 두루미도 습지에 살며 황새처럼 목과 다리가 길고 몸의 크기가 비슷하므로 두 새를 혼동하는 사람이 많았을 것이다. 심지어 목과 다리가 길고 습지에 사는 백로류도 황새 또는 학이라고 말하는 사람이 있어, 옛사람들이 황새라고 표현한 새가 정확히 황새인지 아닌지 판단하기 어려운 경우도 있다.

예컨대 앞에서 말한 '황새 여울목 넘겨다보듯' 이라는 속담에서 말하는 황새는, 황새가 아닌 백로를 두고 말한 것이 틀림없다. 백로(대백로, 중백로, 소백로 등)나 왜가리는 목과 다리 및 부리가 길어 황새를 닮았다.

또 백로류는 여울목이나 물가에서 움직이지 않고 서서 물속을 뚫어지게 보고 있다가 물고기가 접근하면 부리를 작살처럼 뻗어 먹이를 잡아먹는다. 그렇지만 황새는 그와 같은 행동은 절대로 하지 않고 천천히 걸어 다니면서 먹이를 잡는다.

황새가 부리를 마주치는 까닭

지금도 동물원에서는 황새를 쉽게 볼 수 있는데, 대부분 유럽산 황새(붉은부리황새)이다. 우리나라산 황새보다 몸이 조금 작고 부리와 다리의 빛깔이 더 붉다. 우리나라 황새와는 아종 관계이다. 유럽산 황새도 가을이 되면 겨울의 추위를 피해 아프리카 등으로 이동하여 월동하고 봄이 되면 다시 돌아오는 철새다.

황새는 큰 나무 위에 둥지를 만드는 것이 보통이지만 유럽에서는 건물의 지붕 위에 둥지를 만드는 경우가 많다. 황새가 지붕 위에 둥지를 틀면 행운이 온다고 하여, 유럽에서는 황새를 상서로운 새로 취급하고 있으며 독일에서는 황새를 나라새로 지정하고 있다. 또 황새가 아기를 점지해 준다는 전설도 있어, 출산을 축하하는 카드에는 황새가 아기를 담은 바구니를 물고 날아가는 그림도 종종 볼 수 있다.

유럽에서는 황새를 해롭게 하지 않고 적극 보호하므로 사람을 무서워하지 않는다. 넓은 농경지에 무성하게 자란 잡초를 벨 때는 여러 마리의 황새가 모여들어, 풀 베는 예초기를 뒤따르며 뛰어나오는 곤충이나 개구리를 잡아먹는 장면을 쉽게 볼 수 있다고 한다.

우리나라에서도 여름철에 모를 심기 위해 논을 갈 때, 황로와 소백로가 여러 마리 날아와 경운기를 따라다니면서 작은 물고기나 벌레를 잡아먹는 것을 볼 수 있는데, 이와 같이 새들은 자신을 해치지 않으면 사람과도 가까이 지낸다.

황새의 생태에 관해 설명하자면 여러 가지가 있겠지만, 그중에서도 사람들이 가장 잘 모르는 특징이 한 가지 있다. 바로 황새는 울지 않는다는 사실이다.

황새는 울음소리를 내는 기관인 명관이 없고 숨관의 근육도 거의 없기 때문에 울음소리를 내지 못한다. 두루미는 '뚜룸 뚜룸' 하고 들리는 큰 소리로 울지만 황새는 극히 드물게 '슈—' 하는 아주 낮은 소리를 내는 경우 말고는 울음소리를 내지 못한다.

대신 아래위의 커다란 부리를 마주쳐서 '까락 까락 까르르' 하는 소리를 간혹 내는데, 이와 같이 몸의 어떤 부분을 부딪쳐서 소리 내는 것을 드러밍druming 또는 클라트링cluttering이라 한다.

황새가 부리를 마주치는 소리라던가 딱다구리류가 부리로 나무를 계속 찍으면서 내는 소리, 꿩이 날개를 지면에 심하게 치는 소리 등 드러밍도 동족 간 또는 이성 간에 정보를 전달하는 한 가지 수단이다. 드러밍으로 특히 유명한 것은 북미산 목도리들꿩이다. 이 새의 수컷은 암컷에게 구애할 때 날개를 몸뚱이에 쳐서 커다란 소리를 낸다.

복원을 위한 노력

황새는 국제적으로 보호를 요하는 새이므로 한국에서도 천연기념물 및 멸종 위기종으로 지정해 보호에 힘쓰고 있다. 황새를 인공 번식하여 자연으로 돌려보내는 복원 사업이 최근 일본과 우리나라에서 진행되고 있어 기대가 크다.

황새

일본에서는 효고 현 도요오카 시가 1965년부터 황새를 인공 사육하여 2005년까지 119마리로 증식시켰다. 2005년 9월 24일에 우선 다섯 마리를 일차적으로 방생하고 경과를 보면서 계속 방생했는데, 2007년도에는 방생한 황새들이 자연 상태에서 산란 · 번식하는 데 성공했다.

도요오카 시는 제2차 세계 대전 전에는 100마리 이상의 황새가 살던 지역이었으나 맹독성 농약의 사용 등 환경 파괴로 점차 황새가 감소하기 시작하여 1971년에 마지막으로 야생하는 황새가 죽었다고 한다.

일본에서는 황새의 인공 사육을 통한 방생과 번식 성공을 계기로, 도요오카 시는 물론 전국 어디에서나 황새를 볼 수 있도록 자연 환경을 복원하려는 계획을 세우고 있으며 성공할 것으로 보고 있다.

또한 자국 내에서 이미 멸종한 따오기를 중국으로부터 수입해 십수 년 간 인공 사육으로 백 수십 마리로 증식시켜, 2008년 다섯 쌍을 방생하여 자연에서 번식시킴으로써 27년 만에 따오기 복원에도 성공했다.

따오기

앞에서 이야기한 1971년 충북 음성군 생극면에서 일어난 번식 중인 황새 수컷을 총으로 쏘아 죽인 사건 이후, 암컷은 포획하여 동물원으로 옮겨졌으나 이 암컷도 1994년에 죽고 말아 한국에서 번식하던 야생 황새는 완전히 절멸했다.

한국교원대학교에서는 1996년부터 러시아에서 황새를 들여와서 인공 사육을 통해 수십 마리로 증식시켰으며, 앞으로 야생 황새 복원을 계획하고 있다. 그리고 경상남도에서도 외국으로부터 따오기를 들여와서 자연 복원 계획을 진행하고 있다.

한 번 멸종한 생물을 다시 야생 상태로 복원하는 일에는 상당한 기술이 필요하다. 또한 무엇보다 인공 증식한 황새나 따오기를 환경 오염이 없고 먹이가 풍부한 곳에 방생해야 하는데, 그러한 지역을 확보하기 위해서는 치밀한 계획과 더불어 당국의 적극적인 지원과 주민들의 관심이 중요하다.

몸에 좋다는 이상한 소문

뜸부기

뜸부기는 분류상으로 두루미목 뜸부기과에 속한다. ● 우리나라에는 여름철에 전국적으로 도래, 번식하는 여름새이다. 과거에는 주로 넓은 논에서 흔히 볼 수 있었으나 최근에는 그 수가 격감하고 있다. ● 뜸부기과에 속하는 새는 전 세계에 130종이 있으며 한국에서는 뜸부기, 작은뜸부기(흰눈썹뜸부기), 흰배뜸부기, 쇠뜸부기, 붉은가슴쇠뜸부기(쇠뜸부기사촌), 알락뜸부기, 무늬배뜸부기(한국뜸부기), 물닭, 쇠물닭 등 9종이 기록되어 있다.

물에 사는 닭

"뜸북 뜸북 뜸북새 논에서 울고…"라는 동요에 나오는 뜸북새 또는 뜸부기는 어떤 새일까? 뜸부기 또는 뜸북새라는 이름을 모르는 사람은 거의 없겠지만, 이 새의 생김새와 성질 등 형태와 생태를 잘 아는 사람은 매우 적을 것이다.

이전에는 여름철 논이 많은 넓은 들판에서 뜸부기의 청아한 울음소리를 쉽게 들을 수 있었다. 그러나 뜸부기는 좀처럼 모습을 드러내는 새가 아니므로 자연에서 이 새를 직접 보기는 퍽 어렵다. 옛날 뜸부기가 많았을 때도 그러했거늘 뜸부기의 수가 극도로 줄어든 요즈음은 모습은 커녕 울음소리조차 듣기 어려워, 이제 뜸부기는 보호종인 천연기념물 및 멸종 위기종으로 지정되었다.

뜸부기는 제비나 뻐꾸기와 같이 여름철에만 볼 수 있는 철새이다. 뜸부기는 5월경 우리나라에 날아와서 번식하며 9월 중하순쯤 멀리 동남아시아 지역으로 날아가서 월동하는 이른바 여름새이다.

그러므로 뜸부기가 우는 시기는 번식기인 6~7월인데, 우리 가요 중에 고복수 씨가 부른 〈짝사랑〉이라는 노래의 가사를 보면 "아- 뜸북새 슬피 우니 가을인가요"라는 대목이 있다. 문학적 표현이 실제 자연 현상과 반드시 일치하지 않을 수도 있지만, 뜸부

뜸부기의 암수

기는 가을철에는 절대로 울지 않는 새이며 월동지인 동남아시아 지역으로 이미 떠난 후라 우리나라에서는 볼 수 없다.

뜸부기도 꿩이나 닭처럼 암컷과 수컷의 빛깔과 몸 크기가 다른 자웅이형雌雄異型이다. 수컷은 비둘기보다는 상당히 크지만 까투리(암꿩)보다는 조금 작으며, 온몸이 연한 흑갈색 또는 회흑색이나 등과 날개에는 갈색 빛깔의 세로무늬가 많이 있고 특히 이마에는 붉은 빛깔의 뿔 모양 볏肉冠을 가지고 있는 것이 특색이다.

여름철 벌판의 논에서 뜸부기의 울음소리를 듣고 아무리 살펴보아도 모습은 보이지 않으나 논 가운데에서 간간이 머리를 치켜들 때 벼 포기 위로 빨간 볏이 선명하게 나타난다. 그래서 뜸부기 사냥을 할 때에 이 빨간 볏이 포수들의 표적이 되었다.

그러나 암컷은 볏이 없고 몸의 크기가 수컷의 거의 절반 남짓하게 작으며, 온몸 빛깔은 대체로 황갈색이지만 등과 날개에는 역시 갈색의 세로무늬가 많다.

뜸부기를 한자로는 앙계秧鷄 또는 수계水鷄라 하는데 '벼논에 사는 닭', '물에 사는 닭' 이라는 뜻이다. 또 중국에서는 동계董鷄라고도 하는데 이는 '연밭蓮田에서 볼 수 있는 닭' 이라는 뜻이다. 영어에서도 Water cock이라고 해서 '물에 사는 닭' 이라는 뜻이다. 여러 언어권에서 모두 '닭' 이라는 이름이 붙는 것은 뜸부기가 닭처럼 머리 위에 볏을 가지고 있기 때문이다.

'물에 사는 닭' 이라는 말처럼, 뜸부기는 늪이나 호수 주변 혹은 무논과 같은 물이 얕은 습지에서 생활한다. 습지에 사는 새는 대부분 목과 다리가 긴 것이 특징인데, 뜸부기 역시 두루미, 황새, 백로처럼 목과 다리가 길고 특히 발가락이 매우 길어서 진흙 위를 걸어 다녀도 발이 뻘 속에 빠지지 않게 적응되어 있다.

뜸부기는 줄풀, 왕골, 부들 같은 키 큰 수초가 무성한 풀숲이나 무논의 벼 포기 사이에 숨어서 잠행하므로 모습을 보기 어려우며, 먹이는 곤충, 연체동물, 환형동물, 물풀의 싹과 열매, 씨 등이다.

뜸부기라는 이름은 울음소리가 '뜸북 뜸북' 하고 들리기 때문에 붙여진 의성어라고 하나 실제로 들어 보면 '뜸 뜸 뜸' 하는 소리로 들리며, 조용한 들판에서는 멀리 수백 미터 이상 울음소리가 퍼져 나간다.

옛날 뜸부기가 많았을 때는 농민들이 뜸부기를 싫어하는 경향이 있었다. 이유인즉 뜸부기가 벼 포기를 부러뜨려 농사에 많은 피해를 준다는 것이었다. 오래전의 일이지만 필자가 새를 조사하기 위해 여름철에 농촌을 다녀 보면 "그 놈의 뜸부기 제발 다 잡아 없애 주이소"라고 말하는 농민들이 많았다.

뜸부기는 물가에 자라는 수초나 논에 심어 기르는 벼 포기를 누이고 부러뜨려 둥지를 만들거나, 혹은 둥지를 만들지 않으면서도 둥지 만드는 연습인지 장난인지 모르겠으나 벼 포기를 마구 부러뜨리는 습성이 있다. 필자도 뜸부기가 벼 포기를 꽤 많이 망가뜨려 놓은 것을 여러 번 보았다. 그러므로 농민들은 정성껏 가꾸는 벼가 부러져 있는 모습을 보면 울화가 치솟아 가해자인 뜸부기가 미울 수밖에 없었을 것이다.

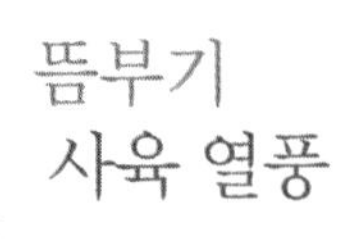

뜸부기 사육 열풍

뜸부기는 고기 맛이 좋고 특히 강정强精의 효과가 있다고 하며, 옛날 임금님도 뜸부기를 강정제로 이용했다는 속설이 있다. 한때 뜸부기 고기가 여러 가지 질병에도 탁월한 효능이 있다는 소문이 파다하여 뜸부기를 구하려는 사람들이 많았다.

뜸부기의 약효에 대해서는 검증된 게 없지만 소문은 또 소문을 낳아 1970~80년대에는 전국적으로 뜸부기 사육 붐이 일어나기도 했으며, 뜸부기를 사육하면 큰 소득을 본다는 말에 많은 사람들이 뜸부기를 기르기 위해 종조種鳥를 구하려 했다.

당시 필자는 여러 곳의 뜸부기 사육장을 방문해 보았으며 특히 소문의 진원지로서 뜸부기 종조를 분양한다는 곳을 알아내어 찾아가 보았다. 1985년도로 기억하는데 경상북도 달성군 옥포리에 있는 뜸부기 대량 사육장을 찾아갔을 때 사육장 주인의 말이 참으로 가소로웠다.

자기 사육장에서 뜸부기를 구입해 복용한 후 크게 효력을 보았다는 환자들의 이름까지 거명하면서, 누구는 불임증이었으나 아이를 낳았고 또 누구는 척추디스크가 완치 되었고, 간질과 같은 정신병이 나았다는 등등 뜸부기의 놀라운 약효를 선전했다. 그야말로 뜸부기는 만병통치약이라는 것이었다.

그는 또 뜸부기를 사육하면 굉장한 소득을 볼 수 있는데, 종조 물량이 부족해 분양이 어렵지만 선생(필자)이 꼭 원한다면 몇 마리 나누어 줄 수 있다고 하면서 당시 마리 당 가격을 삼십 만 원이나 불렀다.

그는 필자가 조류를 연구하는 전문가인 것을 모르고 뜸부기의 종류와 생태 및 사육 방법에 관해서도 엉터리 거짓말을 마구 늘어놓았다. 필자가 뜸부기 사육장을 구경하고 싶다고 했더니 한참을

물닭　　　　　　　　　　쇠물닭

거절하던 끝에 겨우 볼 수 있었는데, 사육하고 있는 수백 마리가 모두 뜸부기가 아니라 물닭과 쇠물닭이었다. 이 사육장 말고 이전에 필자가 본 다른 곳의 사육장에서도 마찬가지로 물닭이나 쇠물닭을 뜸부기라면서 기르고 있었다.

물닭은 텃새이며 쇠물닭은 여름새로서 분류상으로는 둘 다 뜸부기과에 속하지만 생김새와 생활 습관 등 형태나 생태는 뜸부기와 전혀 다르다. 필자는 오랫동안 여러 가지 야생 조류를 많이 조사했으며 또 사육해 본 경험이 있는데, 물닭과 쇠물닭뿐만 아니라 뜸부기도 사육해 보았다.

물닭이나 쇠물닭은 알을 채집하여 인공 부화하거나 어린 새끼를 포획하여 어렵지 않게 사육할 수 있지만 뜸부기는 다르다. 뜸부기는 알을 구하여 닭을 가모假母로 부화하면 비교적 잘 자라지만, 부란기(달걀이나 물고기 알을 인공적으로 부화시키는 기구)로 인공 부화시키거나 야외에서 어린 새끼를 포획했을 때는 어미 새의 머리 표본(박제)을 이용하지 않으면 새끼가 먹이를 거의 먹지 않기 때문에 사육이 극히 어렵다. 또 뜸부기는 성장 후에도 추위에 대단히 약하므로 겨울철 난방 시설이 없는 노지 사육장에서는 월동이 거의 불가능하다.

여하튼 물닭과 쇠물닭을 뜸부기라 하면서 사육 붐이 한창일 때는 5~6월에 수초가 많은 늪이나 강 하류를 누비면서 알을 채집하는 사람이 많았다. 전문적으로 알을 채집하는 어떤 사람은 한 해 여름 동안 수천만 원의 소득을 보았다는 소문도 있었다. 때문에 1980년대 후반에는 뜸부기는 물론 그렇게 흔하던 물닭과 쇠물닭도 거의 찾아볼 수 없게 되었다.

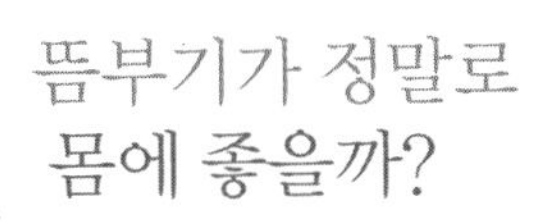

뜸부기가 정말로 몸에 좋을까?

그런데 과연 뜸부기에 약효가 있기는 한 것일까? 《식물본초》, 《본초강목》, 《중약대사전》, 《동방약용동물지》 등 중국 고전 의약서에는 뜸부기가 추계秋鷄 또는 앙계秧鷄라는 이름으로 기록되어 있

작은뜸부기(흰눈썹뜸부기)

고, 쇠물닭은 홍골정紅骨頂 또는 흑수계黑水鷄라 하였으며 쇠물닭과 작은뜸부기(흰눈썹뜸부기)의 약효에 대해서 다음과 같이 기술하고 있다.

작은뜸부기는 보중익기補中益氣, 비위허약脾胃虛弱, 살충해독殺虫解毒에 효과가 있고, 쇠물닭은 자보강장滋補强壯, 개위진식開胃進食, 비위허약脾胃虛弱, 식욕부진食欲不振, 소화불량消化不良 등을 치료한다고 적혀 있다.

요컨대 뜸부기과의 새는 허약한 사람의 몸을 도와 건강과 식욕을 증진시킨다는 것이다. 영양 부족으로 허약한 사람이 고기를 먹고 건강을 회복하는 게 어찌 뜸부기뿐이겠는가. 동물성 고급단백질은 모두 같은 효과가 있을 것이다.

그렇다면 뜸부기가 강정제라는 낭설은 왜 생겼을까? 아마도 뜸부기가 성욕이 대단히 강한 동물이라는 소문 때문인 것 같다. 오래전에 뜸부기를 포획하여 판매하는 사람을 만난 적이 있는데, 그 사람 말에 의하면 뜸부기의 암컷을 잡아서 논둑에 매어 두고 주변에 덫을 놓으면 여러 마리의 수컷들이 암컷이 있는 곳으로 찾아와서 덫에 잘 걸린다고 했다.

뜸부기의 수컷은 암컷을 보면 사족을 못 쓰고 암컷에게 달려드는데, 살아 있는 것이 아니라 암컷의 박제를 논둑에 놓아두어도 마찬가지로 수컷들이 찾아온다고 했다. 또 암컷을 두고 두 마리의 수컷이 마주쳤을 때는 한쪽이 쓰러질 때까지 사투를 벌인다고도 했다.

필자는 이와 같은 뜸부기의 성질과 행동에 대해 자세히 관찰한 적은 없지만, 뜸부기 수컷의 성욕이 강하므로 뜸부기를 잡아먹으면 사람에게도 강정 효과가 나타난다는 소문이 생겼을 것이다.

뜸부기뿐만 아니라 대부분의 야생 동물은 번식기가 되면 놀랍게 강한 성욕이 발동한다. 참새도 번식기에는 하루에 수십 번 교미를 한다. 그러나 동물들의 이와 같은 강력한 정력과 성욕은 항상 지속적인 것이 아니며 단기간의 번식기에만 한정되어 있고 번식기가 지나면 아주 쇠퇴한다.

정력이 강하기로 유명한 물개와 사슴도 그렇고 뜸부기 역시 번식기 외에는 성욕이 쇠퇴하여 성관계를 하지 않는다. 이와 같은 현상은 신체 구조상으로도 뚜렷하게 그 변화를 볼 수 있는데, 특히 새는 번식기가 끝나면 정소(고환)의 크기가 차이가 클 때는 백분의 일도 안 되게 축소된다.

동물의 생식 기관은 내분비 물질Hormon의 자극에 의해 발달한다. 새의 성호르몬性hormon 분비를 촉진시키는 것은 기온의 변화와 먹이의 종류, 햇빛이 비치는 시간 등인데, 특히 햇빛을 받는 시간의 길이가 성호르몬 분비를 촉진하는 중요한 요인이라고 한다.

단기간의 번식기에 성욕이 왕성한 동물을 보고 그 동물을 잡아먹으면 사람에게도 효과가 있다는 것은 근거 없는 낭설이지만, 사회에는 항상 심신이 나약하여 낭설과 미신을 신봉하는 사람이 있고 또 그러한 사람을 부추기고 꾀어서 돈을 벌려는 사람이 존재한다.

지금은 사라진 새들

지구상에 생명이 나타난 이래 헤아릴 수 없이 많은 종류의 생물들이 출현했으나, 현재 살아남은 종류보다 훨씬 많은 종류가 멸종했다. 중생대에 번창했던 거대한 파충류인 공룡들이 모두 사라진 것처럼, 또 신생대에 살았던 코끼리의 일종인 매머드가 사라진 것처럼 최근까지지도 많은 종류의 동물이 멸종했고, 멸종 위기에 놓여 있다.

새는 약 1억 5,000만 년 전 시조새가 나타난 이후 오랜 세월 동안 수많은 종류로 분화했으나, 거의 대부분이 멸종하고 극히 일부의 종류만이 살아남았다고 한다. 지금까지 지구상에 나타난 새는 몇 종류나 되며, 사라진 새는 몇 종류나 될까? 정확한 것은 알 수 없지만 어떤 학자는 화석을 근거로, 시조새로부터 적어도 160만 종 이상의 새가 분화되어 출현했으나 그들 중 0.5퍼센트를 조금 넘는 종류만이 살아남았고 그 외는 모두 멸종했다고 주장한다.

도도 : 마다가스카르의 모리셔스 섬에는 체중이 20킬로그램 정도인 비둘기류에 속하는 '도도'라는 새가 살았으나 1681년경 지구상에서 자취를 감추었다. 1507년에 섬에 상륙한 포르투갈 군인들이 식량으로 남획했으며, 16세기에 네덜란드인들이 가져온 돼지와 원숭이가 날지 못하는 이 커다란 새의 알과 새끼를 마구 잡아먹었기 때문에 결국 멸종되고 말았다.

나그네비둘기 : 캐나다와 미국 루이지애나 주와 플로리다 주의 산과 들을 뒤덮을 정도로 많던 나그네비둘기도 1899년 이후 완전히 사라졌다(동물원에서 사육하던 마지막 나그네비둘기는 1914년에 사망). 나그네비둘기가 멸종한 것도 인간이 식용으로 하기 위해 또 취미로 지나치게 남획한 것이 원인이라 한다.

댕기진경이(원앙이사촌) : 오리과의 댕기진경이(원앙이사촌)는 1913년 한국의 낙동강과 금강에서 채집된 이후 전 세계에 3점의 표본만을 남기고 멸종한 것으로 보고 있다.

그렇다면 많은 새들이 멸종하는 원인은 무엇일까? 다른 생물도 마찬가지겠지만 새가 멸종하는 가장 큰 원인은 환경의 변화이다. 환경 변화는 자연적으로 서서히 일어나는 것이 보통이지만 단기간에 또는 갑자기 일어나는 경우도 있는데, 최근에는 특히 인간의 작용 때문인 경우가 많다.

지구상에 인류가 번영하면서 인간은 강과 바다와 습지를 메우고 산과 들의 숲을 없애며, 유독한 화학 물질을 만들어 확산시키는 등 도처에서 지구 환경을 엄청나게 파괴했으며 지금도 계속 진행 중이다. 생물 중에는 환경의 변화에 매우 민감하고 적응력이 약한 종류가 많으며, 이와 같은 생물들은 환경이 조금만 변해도 살아갈 수 없다. 또한 인간에 의해 마구 포살되고 남획되어 멸종하는 경우도 있다.

인간이 애완용 또는 식용으로 사육하기 위해 개, 고양이, 원숭이, 돼지, 염소 등을 여러 곳으로 이주시킴으로써, 사람과 동물에 기생하던 병원균 등 원래 그 지역에 없던 유입 동물과 병원체에 의해 멸종한 새도 상당히 많다.

뉴질랜드에서는 인간이 입주한 후 50년도 못 되어 그곳에 살던 새들 가운데 절반 이상의 종류가 사라졌다고 한다. 뉴질랜드에 살던 모아가 멸종한 원인에 관해서는 몇 가지 설이 있으나 원주민인 마오리 족이 식용으로 남획했기 때문이라는 설이 유력하며, 마다가스카르의 에피오르니스도 섬에 상륙한 사람들이 날지 못하는 이 거대한 새를 식량으로 삼기 위해 마구 포살했기 때문에 멸종했다고 한다.

그리고 화석 연구에 의하면 빙하 때문에 멸종한 동물이 많은데, 특히 약 80만 년 전 지구의 북반구 대부분을 덮었던 빙하로 말미암아 적어도 800종 이상의 새들이 멸종했다고 한다. 하지만 그보다 훨씬 많은 종류의 새가 인간 때문에 멸종했고, 지금도 수많은 새들이 멸종 위기에 처해 있다.

© 강승구 | 꼬마물떼새

새들의 비밀스러운 이야기

한 낚시꾼이 강가에 앉아서 낚시질을 하고 있었다. 그날따라 고기는 물지 않고 지루해 이곳저곳 강변을 살피고 있는데, 어디선가 커다란 물총새 한 마리가 날아오더니 뾰족하고 긴 부리로 물가의 모래에 무슨 그림 같은 것을 그리기 시작했다.

낚시꾼은 물총새의 이상한 행동을 유심히 보았다. 마침내 그림을 다 그린 듯 물총새는 물가에 가만히 앉아 있었다. 조금 기다리자 물속으로부터 물고기가 한 마리, 두 마리 계속 강가의 모래 위로 뛰어나오는 것이 아닌가. 물총새는 그 자리에서 손쉽게 물고기를 한 마리씩 집어먹었다.

낚시꾼은 너무나 신기해 넋을 잃고 이 광경을 보고 있다가 문득 생각하기를, 저 물총새가 날아간 후 모래 위에 그려 놓은 그림을 베껴서 나도 물고기를 실컷 잡아야겠다고 마음먹었다.

그런데 이건 또 무슨 일인가. 물고기를 배부르게 먹은 물총새는 제가 모래 위에 그려 놓은 그림을 발로 이리저리 문질러 모두 지우고는 훌쩍 날아가는 것이었다. 낚시꾼이 물총새가 있던 곳에 가서 아무리 들여다보아도 모래에 남은 흔적이 무슨 그림이었는지 도무지 알 수가 없었다.

이 사건이 있은 후 낚시꾼은 물총새가 그림을 그려서 물고기를 잡는 장면을 다시 보기 위해, 비가 오나 바람이 부나 하루도 거르지 않고 강변에 나가 그 물총새를 찾아다녔으나 기회는 좀처럼 오지 않았다. 그러나 희망을 버리지 않고 계속 찾아다니기를 십수 년. 낚시꾼은 드디어 물총새가 그림을 그려 물고기를 잡는 장면을 다시 보게 되었다.

하루는 어느 큰 강변에 앉아 있는데, 저만큼 떨어진 곳에 그렇게도 찾아다닌 그 물총새가 날아오더니 물가의 모래에 부리로 그림 같은 것을 그리기 시작하는 것이 아닌가.

물총새

낚시꾼은 너무나 흥분하여 울렁거리는 가슴을 가까스로 가라앉히면서 물총새의 행동을 보고 있다가, 물속으로부터 첫 번째 물고기가 땅 위로 뛰어나오는 것을 보자마자 크게 고함을 지르며 물총새가 앉아 있는 곳으로 달려갔다. 그러자 깜짝 놀란 물총새는 엉겁결에 후닥닥 날아갔고, 물고기는 계속 모래 위로 뛰어나왔으나 얼마간 시간이 지나자 더 이상 나오지 않았다.

낚시꾼은 물총새가 모래 위에 그려 놓은 그림을 종이

에 그대로 옮겼다. 그리고 소중하게 갖고 다니면서 여러 곳의 강변 모래 위에 똑같은 그림을 그려 보았으나 어찌된 영문인지 물고기는 한 마리도 잡히지 않았다.

낚시꾼은 물총새가 그림을 그린 강변의 같은 자리에서도 시도해 보았으나 역시 물고기는 한 마리도 나오지 않았다. 물총새가 그린 그림과 틀림없이 똑같은 그림을 수없이 그려도 물고기가 잡히지 않는 것이 이상하여, 낚시꾼은 원래의 장소에서 매일 같이 그림을 그리고 기다리는 일을 반복했다. 그리고 드디어 물고기를 뛰어나오게 하는 데 성공하게 된다.

낚시꾼은 그림을 그리는 시간과 방위(장소)와의 사이에 깊은 관계가 있다는 사실을 깨닫게 되었으며, 그림을 조금씩 변형하면서 오랫동안 연구하여 많은 물고기를 잡을 수 있었다. 훗날 물총새가 그린 그 그림이 부적(재앙을 방지하고 못된 귀신을 쫓으며 복을 오게 하기 위해 집에 붙여 놓거나 몸에 지니고 다니는, 그림 같은 것을 그려 넣은 종이)의 유래가 되었다고 한다.

이 이야기는 초등학생이던 시절 이웃 할아버지로부터 들은 것이다. 마치 전설처럼 '믿거나 말거나' 이지만, 한 가지 일에 강한 집념을 갖고 오랫동안 정성을 다하면 성공할 수 있다는 의미를 담고 있기도 하다.

필자는 철없던 어린 시절 물총새가 그림을 그려 물고기를 잡아먹는다는 이야기를 듣고, 바보 같은 호기심으로 물총새를 많이도 찾아다녔다. 그리고 그런 어리석음 덕분에 남들이 잘 보지 못하는 물총새의 여러 가지 생태에 관해서 많은 것을 관찰할 수 있었다.

이 책에서 다룬 새들은, 조금만 관심을 기울이면 우리 주변에서 흔히 만날 수 있다. 우리가 호기심 어린 눈으로 새를 본다면, 새들도 비밀스러운 그들만의 이야기를 들려줄 것이다. 그리고 그 속에는 여러 가지 생명의 지혜가 담겨 있다.

© 강승구 | 참매

물총새는 왜
모래밭에 그림을 그릴까

1판 1쇄 발행 2013년 6월 10일
1판 3쇄 발행 2015년 1월 5일

지은이 | 우용태
펴낸이 | 고영수
경영기획 | 고병욱 기획 · 편집 | 노종한, 허태영
외서기획 | 우정민 마케팅 | 유경민, 김재욱 제작 | 김기창
총무 | 문준기, 노재경, 송민진 관리 | 주동은, 조재언, 신현민

펴낸곳 | 추수밭
등록 | 제406-2006-00061호(2005.11.1)
주소 | 135-816 서울시 강남구 도산대로 38길 11 (논현동 63) 청림출판 추수밭
413-120 경기도 파주시 회동길 173 (문발동 518-6) 청림아트스페이스
전화 | 02-546-4341 팩스 02-546-8053
www.chungrim.com
cr2@chungrim.com
ISBN | 979-11-5540-000-5 43400

* 책값은 뒤표지에 있습니다.
* 잘못 만들어진 책은 구입하신 서점에서 바꾸어드립니다.